冶金工业出版社

普通高等教育"十四五"规划教材

非金属矿加工与应用

Processing and Application of Nonmetallic Ores

主　编　王　森　卜显忠

副主编　宛　鹤　田晓珍　马　骁

　　　　闫宝霞　郑灿辉

U0352905

北　京

冶 金 工 业 出 版 社

2022

内 容 提 要

本书从矿石性质和矿物结构特点出发，详细介绍了非金属矿精细化加工各单元作业所需装备的基本构造、工作原理、应用特点和工艺设计与设备选型等，内容涵盖了精选提纯、超细粉碎、精细分级、表面与界面改性为特征的深加工技术和相应的矿物功能材料与矿物化工技术。

本书可作为高等院校矿物加工工程、无机非金属材料工程等相关专业的本科生及研究生教材，也可供从事矿物加工与矿物材料、水处理、土壤修复、化工、建材、冶金、电子等领域的工程技术人员和管理人员参考。

图书在版编目（CIP）数据

非金属矿加工与应用/王森，卜显忠主编. —北京：冶金工业出版社，2022. 10

普通高等教育"十四五"规划教材

ISBN 978-7-5024-9002-7

I.①非… II.①王… ②卜… III.①非金属矿物—加工—高等学校—教材 ②非金属矿物—应用—高等学校—教材 IV.①TD97

中国版本图书馆 CIP 数据核字（2021）第 257589 号

非金属矿加工与应用

出版发行	冶金工业出版社	电　话	(010)64027926
地　址	北京市东城区嵩祝院北巷 39 号	邮　编	100009
网　址	www.mip1953.com	电子信箱	service@ mip1953.com

责任编辑　高　娜　美术编辑　彭子赫　版式设计　郑小利
责任校对　郑　娟　责任印制　禹　蕊
北京虎彩文化传播有限公司印刷
2022 年 10 月第 1 版，2022 年 10 月第 1 次印刷
787mm×1092mm　1/16；11 印张；263 千字；166 页
定价 36.00 元

投稿电话　(010)64027932　投稿信箱　tougao@cnmip.com.cn
营销中心电话　(010)64044283
冶金工业出版社天猫旗舰店　yjgycbs.tmall.com
（本书如有印装质量问题，本社营销中心负责退换）

前　言

非金属矿加工是研究非金属矿物加工与应用的学科。非金属矿物的加工过程应用非常广泛和复杂，与国家资源开发、环境保护等各方面都密切相关。

目前，涉及非金属矿物相关知识的教材较少，本书较全面地介绍了非金属矿物加工应用的具体原则及实例，其目的是帮助有志于从事非金属矿物加工与应用的学生，了解非金属矿物加工技术以及整合应用流程，提高实际应用能力。

本书在简要介绍非金属矿共性加工技术的基础上，从矿石性质和矿物结构特点出发，介绍了六大类、四十余种非金属矿的应用领域及发展。本书针对性和适用性较强，可作为高等院校矿物加工工程、无机非金属材料工程等相关专业的本科生及研究生"功能矿物材料"课程的教学用书，也可供从事矿物加工与矿物材料、水处理、土壤修复、化工、建材、冶金、电子等领域的工程技术人员、管理人员参考。

本书由王森、卜显忠任主编。王森负责第1章的编写及全书统稿，卜显忠负责全书校对审核，宛鹤负责第2章全章与第4章部分内容的编写，田晓珍负责第3章部分内容的编写，马骁负责第5章全章与第6章部分内容的编写，闫宝霞负责第4章部分内容与第7章全章的编写，郑灿辉负责第3章部分内容与第6章部分内容的编写。

本书的出版得到了西安建筑科技大学一流专业建设项目的资助。在本书编写过程中，参考了有关文献资料，在此向有关专家、作者一并表示感谢。

由于作者水平所限，书中不妥之处，敬请广大读者批评指正。

作　者
2022 年 5 月

目　　录

1 绪 论

1.1 非金属矿物的特点

非金属矿物是从非金属矿物和岩石（包括部分人造非金属矿物和岩石）的物理、化学性质及其效应出发，经过适当的加工处理，使之成为能被工农业生产和日常生活各个领域使用的一类材料和制品，因此，严格限定非金属矿物一词的应用范畴是有一定困难的：首先，它包括了大量用于工业矿物原料的金刚石、蓝晶石等宝石矿物；其次，某些金属矿石也可以作为利用其技术和物理特性而不是直接利用其来冶炼金属元素的工业原料，如用于耐火材料和吸附剂的铝土矿、用于染料的赤铁矿等也在此范围内；最后，有些文献还把一些人工产物也归入非金属矿物之中，如水泥、石灰、工业副产品磷石膏、人造金刚石、人造云母、矿棉等。

相对于金属和燃料矿产资源等而言，非金属矿物具有以下特点。

（1）与金属矿石通过冶炼而利用其金属元素不同，非金属矿物极大部分是利用其固有的化学和物理特性（如石棉、滑石、云母等）或加工后形成的化学和物理特性（如珍珠岩、膨胀黏土等）。

（2）与金属及矿物燃料不同，每一种非金属矿物往往具有多种用途，不同的非金属矿物有时又可互相代用，而且随着科学技术的发展，同一种非金属矿物的用途也越来越广。例如，高岭土最早只是一种陶瓷原料，以后又成为造纸、橡胶、搪瓷、医药填料，近代经过处理的高岭土还被广泛用于石油加工工业。又如，滑石可以作为造纸填料，而叶蜡石可作为陶瓷原料。

（3）与金属矿床的有限种类不同，非金属矿物的种类常有变化。随着科学技术的发展，非金属矿物的种类不断增多。20世纪初可利用的非金属矿物仅60种，现已有200余种。非金属矿物的种类仍在不断发生变化，一些被废弃不用，一些过去被认为无价值的矿物与岩石现在却具备工业价值。例如，压电石英在20世纪60年代以前是一种宝贵的资源，后来被人造压电石英代替。又如，云母过去主要用于制作电容器与电子管和用于电机的绝缘材料、高压锅炉及仪器、仪表的零件、涂料填料等。到70年代后期，电机绝缘材料所需的大片云母已被碎云母制成的云母纸代替，高压锅炉零件也被人造云母代替，现在仅电容器和电子管尚需少量天然大片云母，因此在70年代末有些从事大片天然云母勘察的地质队已经撤离，有的矿山也已关闭。再如，早期玄武岩是一种没有工业价值的岩石，多用作建筑石材，而现在玄武岩制成的铸石已广泛用于冶金、化工、水电、建材等工业部门，节约了大量金属及橡胶材料。例如，矿浆输送使用的无缝钢管，一般寿命仅为1年，改用铸石后可延长1年。所以，从事非金属矿物的资源开发利用工作与金属及燃料矿床的资源开发不同，除一般的地质技术外，还必须经常关注科学技术对矿物、岩石材料的需求动向并研究矿物、岩石的新用途。

（4）非金属矿物的成矿地质条件较为复杂。这种复杂性体现在以下两个方面：一是非金属矿物多是广泛分布的造岩矿物与一般岩石在特殊地质条件下的变种，这种特殊地质条件的判别往往是很困难的；二是有的矿种矿床成因远比金属和燃料矿床多样，而且其地质特征也各不相同。前者最典型的如云母，它作为造岩矿物几乎无所不在，但大片工业云母产出的概率却很小，产出的地质条件要求也很严格。后者如高岭土，既有热液成因，又有风化成因和沉积成因。如果细分，仅我国国内分布的高岭土，就有9种成矿作用与成矿地质背景各异、地质特征出入很大的矿床类型。

（5）非金属矿物与市场需求的联系比金属和燃料矿床与市场之间的联系更为密切。同种非金属矿物之间的价值差别也很大，这与它们产地的地理位置有很大关系。例如，建筑用砂和卵石，其产地必须尽可能靠近城市或建设地区，而偏僻地区的砂石，工业价值就很低。有一些价格较低的非金属矿物如石灰岩、石膏，其产地必须靠近铁路或通航河流，以降低矿山开采时运输道路的建设费用和开采过程中的运输费用。价值的差别不但在同矿种中相差很大，而且同一矿种的不同类型矿石间差别也很大，如纤维石膏的售价比泥质石膏高出几倍。

（6）非金属矿物材料是指以非金属矿物和岩石为基本或主要原料，通过深加工或精加工制备的具有一定功能的现代新材料，如环保材料、电功能材料、保温隔热材料、摩擦材料、建筑装饰材料、吸附催化材料、功能填料和颜料等。非金属矿物材料概念是从事矿物学、岩石学与结晶学以及矿物加工人员于20世纪80年代提出的。非金属矿物材料源于非金属矿物和岩石，其来源广，功能性突出，是人类利用最早的材料。原始人使用的石斧、石刀等都是用无机非金属矿物或者岩石材料制备的。

由于非金属矿物具有上述特点，因此对从事这方面资源开发利用的专业人员不但要求有全面、精湛的专业理论与技术，而且要求熟悉加工工艺和市场行情，熟悉科学技术发展对非金属材料的需求。

1.2 非金属矿物的加工技术

1.2.1 非金属矿物加工技术的意义

非金属矿物是人类利用最早的地球矿产资源。在人类发展的几百万年中，非金属矿的加工利用对人类社会文明进步的贡献巨大。石器时代标志着人类社会有目的地使用天然非金属矿物，后来虽然金属材料的使用逐渐超过了非金属材料，但随着近代工业革命的兴起、科学技术的突飞猛进，许多领域中非金属材料在高强、高温、轻质、耐磨等方面的优异性能重新得到了人们的关注。非金属矿物加工技术得到飞速发展，甚至非金属矿产开发利用已成为衡量一个国家工业化成熟程度的重要标志。

非金属矿物在影响国民经济的许多行业广为利用，许多高新技术的发展都与非金属矿物的利用密切相关，航空航天技术、新能源产业、新材料产业以及现代微电子及信息技术等方面的发展都和非金属矿的利用分不开。不仅如此，非金属矿物的加工利用也关系到人民生活水平的提高，直接与人民生活相关的橡胶、塑料、涂料、建材、造纸等行业都需要大量的非金属矿物原料。

现代产业发展对非金属矿物原（材）料性能的要求，是非金属矿加工技术发展的原动力；同时，现代科技革命和产业发展提高了非金属矿物加工业自动控制、质量检测等的技术水平。计算机应用的发展推进了非金属矿加工业的自动化控制水平和产品质量水平，使产品的性能及质量检测手段更加可靠。新材料产业的发展使非金属矿加工设备的耐磨性、能量利用率及其综合性能大大提高；不锈钢以及高聚物基复合材料使设备的防酸碱腐蚀和防氧化性能提高；碳化硅、刚玉、陶瓷、高聚物基复合材料等高硬耐磨内衬材料使磨机及分级机的内衬使用寿命大大延长。正是现代科技革命和高技术新材料产业的发展，以及传统产业的技术进步、环保节能，对非金属矿产品数量的增加和质量的提高提出了更高的要求，推动了现代非金属矿加工技术的发展。

1.2.2 非金属矿物加工技术的主要内容

非金属矿加工的目的是通过一定的技术、工艺、设备生产出满足应用要求的粉体材料或化工产品，这些材料具有一定的粒度大小和粒度分布、纯度或特定的化学成分、独特的物理化学性质、表面或界面性质，或产品具有一定尺寸、形状、力学性能、物理性能、化学性能、生物功能等功能性。

非金属矿加工技术主要包含以下几个方面。

1.2.2.1 粉碎与分级

粉碎与分级是指通过机械、物理和化学方法使非金属矿石粒度减小和具有一定粒度分布的加工技术。根据粉碎产物粒度大小和分布的不同，可将粉碎与分级细分为破碎与筛分、粉碎（磨）与分级及超细粉碎（磨）与精细分级，分别用于加工大于 1mm、10～1000μm 及 0.1～10μm 等不同粒度及其分布的粉体产品。

粉碎与分级是满足应用领域对粉体原（材）料粒度大小及粒度分布要求的粉体加工技术，主要研究内容包括：粉体的粒度、物理化学特性及其表征方法；不同性质颗粒的粉碎机理；粉碎过程的描述和数学模型；物料在不同方法、不同设备及不同粉碎条件和粉碎环境下的能耗规律、粉碎和分级效率或能量利用率及产物粒度分布；粉碎过程力学；粉碎过程化学；粉体的分散；助磨剂的筛选及应用；粉碎与分级工艺及设备；粉碎及分级过程的粒度监控和粉体的粒度检测技术等。它涉及颗粒学、力学、固体物理、化工原理、物理化学、流体力学、机械学、岩石与矿物学、晶体学、矿物加工、现代仪器分析与测试等诸多学科。

1.2.2.2 表面改性

表面改性是指用物理、化学、机械等方法对矿物粉体进行表面处理，根据应用的需要，有目的地改变粉体表（界）面的物理化学性质，如表面组成、表面结构和官能团、表面润湿性、表面电性、表面光学性质、表面吸附和反应特性以及层间化合物等。根据改性原理和改性剂的不同，表面改性方法可分为物理涂覆改性、化学包覆改性、沉淀反应改性、机械力化学改性、插层改性、高能处理改性等。

表面改性是以满足应用领域对粉体原（材）料表面或界面性质、分散性和与其他组分相容性要求的粉体材料深加工技术。对于超细粉体材料和纳米粉体材料，表面改性是提高其分散性能和应用性能的主要手段之一，在某种意义上决定其市场的占有。表面改性的主要研究内容包括：表面改性的原理和方法；表面改性过程的化学、热力学和动力学；表面或界面性质与改性方法及改性剂的关系；表面改性剂的种类、结构、性能、使用方法及其与粉体表面的作用机理和作用模型；不同种类及不同用途无机粉体材料的表面改性工艺条件及改性剂配方；表面改性剂的合成和应用研究；表面改性设备；表面改性效果的检测和表征方法；表面改性工艺的自动控制；表面改性后无机粉体的应用性能研究等。它涉及颗粒学、表面或界面物理化学、胶体化学、有机化学、无机化学、高分子化学、无机非金属材料、高聚物或高分子材料、复合材料、生物医学材料、化工原理、现代仪器分析与测试等诸多相关学科。

1.2.2.3 选矿提纯

选矿提纯是指利用矿物与矿物之间或矿物与脉石之间密度、粒度和形状、磁性、电性、颜色（光性）、表面润湿性以及化学反应特性等对矿物进行分选和提纯的加工技术。根据分选原理不同，可分为重力分选、磁选、电选、浮选、化学选矿、光电拣选等。

非金属矿的选矿提纯是以满足相关应用领域，如高级和高技术陶瓷、耐火材料、微电子、光纤、石英玻璃、涂料、油墨及造纸填料和颜料、密封材料、有机/无机复合材料、生物医学、环境保护等现代高技术和新材料，对非金属矿物原（材）料纯度要求为目的的重要非金属矿物加工技术之一，主要研究内容包括：石英、硅藻土、石墨、金刚石、萤石、菱镁矿、金红石、硅灰石、硅线石、蓝晶石、红柱石、石棉、高岭土、海泡石、凹凸棒土、膨润土、伊利石、石榴子石、滑石、云母、长石、蛭石、重晶石、明矾石、锆英石、硼矿、钾矿等无机非金属矿的选矿提纯方法和工艺，微细颗粒提纯技术和综合力场分选技术，适用于不同物料及不同纯度要求的精选提纯工艺与设备，精选提纯工艺过程的自动控制等。它涉及颗粒学、岩石与矿物学、晶体学、流体力学、物理化学、表面与胶体化学、有机化学、无机化学、高分子化学、化工原理、机械学、矿物加工工程、现代仪器分析与测试等诸多学科。

1.2.2.4 脱水技术

脱水技术是非金属矿物粉体材料的后续加工作业，是指采用机械、物理和化学等方法脱除加工产品中的水分，特别是湿法加工产品中水分的技术。其目的是满足应用领域对产品水分含量的要求及便于储存和运输。因此，脱水技术也是非金属矿物材料必需的加工技术之一。脱水技术包括机械脱水（离心、压滤、真空等）和热蒸发（干燥）脱水两部分。

1.2.2.5 造粒技术

造粒技术是指采用机械、物理和化学方法将微细或超细非金属矿粉体加工成具有较大粒度、特定形状及粒度分布的非金属矿物材料深加工技术。其目的是方便超细非金属矿物粉体材料的应用，减轻超细粉体使用时的粉尘飞扬和提高其应用性能。其主要研究内容包括造粒方法、造粒工艺和造粒设备。由于非金属矿物粉体材料，尤其是微米级和亚微米级的超细粉体材料直接在塑料、橡胶、化纤、医药、环保、催化等领域应用时，不同程度地存在分散不均匀、扬尘、使用不便、难以回收等问题，因此，将其造粒后使用是解决上述应用问题的有效方法之一，尤其适用于用作高聚物基复合材料（塑料、橡胶等）填料的非金属矿物粉体材料，如碳酸钙、滑石、云母、高岭土等，一般做成与基体树脂相容性好的各种母粒。

目前，造粒方法主要有压缩造粒、挤出造粒、滚动造粒、喷雾造粒、流化造粒方法等。造粒方法的选择要依原料特性以及对产品粒度大小和分布、产品颗粒形状、颗粒强度、孔隙率、颗粒密度等的要求而定。

1.3 非金属矿物的分类与应用

1.3.1 非金属矿物的分类

1.3.1.1 按矿种分类

按矿种分类是按制品组分中最主要的非金属矿物来分类，例如石棉制品、石墨制品、云母制品、石膏制品、金刚石制品等。由于非金属矿工业发展首先要以矿山的开发为基础，由采、选、加工再发展到深加工利用，就自然形成这种分类方法。

随着被开发利用的非金属矿物与岩石品种越来越多，对同一种应用功能的制品来讲，很多原料矿物又常可以相互代用，因此这种分类法就逐渐显现出了它的局限性，需要有其他分类法来加以丰富补充。

1.3.1.2 按非金属矿物结构分类

按结构分类是根据材料中的物质组成及其相互关系来分类。这是一种按材料科学对材料的定义进行分类的方法。根据这一分类，非金属矿可以包括从一般到最新型的无机非金属材料各个层次的产品，可分为四大类。

A 单一矿物

尽管在加工过程中可能使用其他原材料，但其最终产品仍是或基本上是由单一的非金属矿物或岩石组成的，例如柔性石墨纸、石墨垫、碳纤维及石墨纤维、电气云母片、钻石、金刚石拉丝模、膨胀珍珠岩、岩棉绒、轻质碳酸钙等。

B 无机非金属复合材料

它是由两种或两种以上无机非金属矿物组成的多相体系，例如石棉水泥制品、微孔硅酸钙板、陶瓷材料、纤维石膏板、聚合物水泥制品等。只要材料的基体（指复合材料的连续相）是无机非金属矿物或岩石材料，那么即使使用了部分其他类的（有机的或金属的）增强材料，也称无机非金属复合材料，例如钢纤维水泥、纸纤维石膏板等。

C 无机非金属/有机聚合物基复合材料

它是指使用（主要只用）一种非金属纤维作为增强材料，与有机高分子聚合物材料为基体复合而成的多相体系。通常这类复合材料除纤维增强材料及高分子聚合物基体外，还常添加各种非金属矿物或其他颗粒粉体填料来调节性能。例如，汽车制动器衬片（刹车片）、火车合成闸瓦、离合器面片、玻璃钢制品、石棉橡胶板、石棉胶乳板、钢包复合石墨汽缸垫片等。

D 混杂复合材料

它是由两种或两种以上普通复合材料构成，通常是指由两种不同特性的纤维作为增强材料混杂在基体中的多相体系。

混杂复合材料被认为是复合材料的更高级阶段，称为"复合材料的复合材料"。例如，高性能小轿车摩阻材料，飞机用摩阻材料，航空、航天、能源部门使用的高强结构材料，可获得预定热膨胀系数的材料，雷达天线罩、潜艇声纳导航罩，具有隐身技术的军工材料、远程导弹弹头等。

目前已得到应用的混杂复合材料体系主要有碳纤维-玻璃纤维/环氧树脂（简称碳-玻/环氧）、碳-芳纶/环氧、硼-芳纶/环氧、玻-芳纶/环氧、泡沫塑料及蜂窝夹心结构、纤维复合材料/金属超混体系、热塑性树脂基及其他热固性树脂混杂材料。

上述四种类型中，单一矿物及无机非金属复合材料两类可统称为"无机非金属材料"，而无机非金属/有机聚合物基复合材料及混杂复合材料则可统称为"复合材料"或"近代复合材料"。这里的"复合材料"是从狭义的"复合材料"而命名的，即是专指由高分子聚合物为基体由纤维增强的无机/有机复合材料。

1.3.1.3 按功能分类

按功能分类，也就是按产品的使用性能及用途分类，可将非金属矿物分为结构材料及功能材料两大类。

（1）结构材料。具有较好的力学性能（比如强度、韧性及高温性能等）、可用作结构件的材料称为结构材料，它主要利用的是材料或制品机械结构的强度性能。例如，利用材料机械结构刚度与强度的建筑材料及工程材料，如水泥制品、建筑陶瓷、建筑玻璃、石棉水泥制品、石膏板、玻纤/环氧树脂、碳/酚醛树脂、精细陶瓷结构材料、云母陶瓷、云母塑料等。

（2）功能材料。具有特殊的电、磁、热、光等物理性能或化学性能的材料则可以统称为功能材料，它利用的是材料机械结构力学功能以外的所有其他功能的材料。例如，利用材料的电、光、磁、热、摩擦、表面化学效应、胶体性能、填充密封性能等。

1.3.1.4 综合分类

近年来，中国硅酸盐学会工艺岩石学分会提出，矿物材料的分类要充分考虑材料的生产过程和在生产过程中材料所发生的一系列本质性的物理化学变化。材料的生产过程就是物质成分的一个运动过程。各种矿物材料的生产过程，可以概括为下面三种方式。

（1）熔融固体过程。它是将原料经过高温熔融，然后冷凝成结晶态或非结晶态的材料，如电熔刚玉、莫来石、尖晶石、镁石、碳化钙、硅铁合金、铸石、仿微晶炉渣铸石、玻璃、釉料、矿棉、矿珠等的过程。

（2）高温固相反应过程。它是将原料经过磨细、配料、加工、成型等工艺，然后在高温窑炉中煅烧，发生固相反应而形成烧结型的过程，如陶瓷、耐火材料等的过程。

（3）凝结硬化过程。它是指配合料在接近室温或不太高的温度条件下，通过水化作用或蒸发固化，或与空气中的成分反应固化而形成高强度的硬化体的过程，如水泥制品、混凝土制品、微孔硅酸钙制品、镁水泥制品、石膏制品、水玻璃粘土制品、石灰制品、磷酸黏结制品等的形成过程。

以上三种过程与地质作用中的岩浆作用、变质作用、沉积作用非常相似。可以从地质作用的观点出发，用矿物岩石学的理论及研究方法来研究这些矿物材料，甚至有人提出"仿地学"。相对于以上三种过程，大部分无机非金属矿物可以归为熔浆型材料、烧结型材料、胶凝型材料、天然材料（如粉体材料、石材等）、复合材料（多种类型材料的复合体）五大类。

同地质作用中的岩浆作用、变质作用和沉积作用类比，对矿物材料进行分类，虽然具有许多优点，但也存在一些缺点。如水泥与水泥制品在传统的分类中本来属于同一类材料，但在这种分类中却要分别归属于烧结型材料和胶凝型材料，这样就给生产使用这一完整体系的研究带来一定的困难。另外，有些材料像玻化砖、玻璃陶瓷等的生产既包含了熔融固化过程也包含了固相反应过程，因此也给其分类造成困难。为便于理解与记忆，本书推荐使用表 1-1 的分类方法。

表 1-1　非金属矿物和岩石的用途和分类

用途	非金属矿物与岩石
化工	岩盐、芒硝、天然碱、明矾石、自然硫、磷灰石、重晶石、天青石、萤石、石灰石等
光学原料	冰洲石、光学石膏、方解石、水晶、光学石英、光学萤石等
电力电子	石墨、云母、石英、水晶、电气石、金红石等
农药、化肥	磷灰石、钾盐、钾长石、芒硝、石膏、高岭石、地开石、膨润土等
磨料润滑剂	金刚石、刚玉、石榴子石、石英、硅藻土等
工业填料和颜料	方解石、大理石、白垩、滑石、叶蜡石、伊利石、石墨、高岭土、地开石、云母、硅灰石、透闪石、硅藻土、膨润土、皂石、海泡石、凹凸棒石、金红石、长石、锆英砂、重晶石、石膏、石英、石棉、水镁石、沸石、透辉石、蛋白土等
吸附、助滤、载体	沸石、高岭土、硅藻土、海泡石、凹凸棒石、地开石、膨润土、皂石、珍珠岩、蛋白土、石墨、滑石等
保温、隔热、隔音材料	石棉、石膏、石墨、蛭石、硅藻土、海泡石、珍珠岩、玄武岩、辉绿岩、浮石及火山灰等
铸石材料	玄武岩、辉绿岩、安山岩等
建筑材料	石棉、石膏、花岗岩、大理岩、石英岩、石灰石、硅藻土、砂石、黏土等
玻璃	石英砂和石英岩、长石、霞石正长岩、脉石英等
陶瓷、耐火材料	高岭土、硅灰石、滑石、石英、红柱石、蓝晶石、硅线石、叶蜡石、电气石、透辉石、石墨、菱镁矿、白云石、铝土矿、陶土
熔剂和冶金	萤石、长石、硼砂、石灰岩、白云岩等
钻控工业	重晶石、石英砂、膨润土、海泡石、凹凸棒石等

1.3.2　现代非金属矿物的应用

目前，非金属矿物广泛应用于化工、机械、能源、汽车、轻工、食品加工、冶金、建材等传统产业，以及以航空航天、电子信息、新材料等为代表的高新技术产业和环境保护与生态建设等领域。

非金属矿加工技术的发展对高新技术材料产业的发展有重要影响。例如，氧化铝、氧化硅、碳化硼、碳化硅、石墨等与新材料产业有关，以石墨、云母、石英、锆英石、氧化铝等矿物材料等为原料制得的光导纤维、陶瓷半导体、压电材料、云母电容器和云母板等与电子信息产业相关。

具有特殊功能（电、磁、声、光、热、化学、力学、生物等）的高技术陶瓷是近十年来迅速发展的新材料，被称为继金属材料和高分子材料后的第三大材料。在制备高性能陶瓷材料时，非金属矿物原料越纯，粒度越细，材料的致密性越好，强度和韧性越高，一般要求原料的粒度小于 1pm 甚至 0.1pm。如果原料细度能到纳米级，制备的陶瓷被称为纳米陶瓷，性能更加优异，是当今陶瓷材料发展的最高境界。

非金属矿物加工技术是高技术陶瓷发展的关键，只有发展了非金属矿物的高纯加工技术和超微细粉体加工制备技术，高技术陶瓷材料才能迅速发展。此外，高分子基复合材料是当代新材料发展的重要领域之一。复合材料的重要组分之一是无机非金属矿物填料，包括碳酸钙、高岭土、滑石、云母、硅灰石、石英、氧化铝、氧化镁、炭黑等，这些非金属矿物填料的粒度越细、与有机基质的相容性越好，复合材料的综合性能就越好。

解决超细问题要依靠超细粉碎技术，而解决与有机基质的相容性问题要依赖非金属矿深加工技术——矿物表面改性。其他如特种涂料、高级磨料、催化剂载体、吸附材料等要求非金属矿物原料纯度高、粒度细或粒度分布较窄、表面活性好。因此，必须要对其进行提纯、粉碎和分级以及表面改性等加工。

传统产业的技术进步和产业升级与非金属矿物材料紧密相连，为满足传统产业的技术进步或技术改造对非金属矿产品的技术要求，要对非金属矿进行提纯、粉碎（包括超细粉碎）和表面改性等加工。

化工、机械、能源、汽车、轻工、冶金、建材等传统产业的技术进步与产业升级也与非金属矿物材料密切相关。例如，高分子材料（塑料、橡胶、胶黏剂等）的技术进步，以及工程塑料、塑钢门窗等高分子基复合材料的兴起，每年需要数百万吨的超细活性碳酸钙、高岭土、滑石、针状硅灰石、云母、透闪石、二氧化硅、水镁石以及氢氧化镁、氢氧化铝等功能矿物填料细粉（$10\sim1000\mu m$）、超细粉（$0.1\sim10\mu m$）、超细微粉或一维、二维纳米粉（$0.001\sim0.1\mu m$）、表面改性粉体，高纯度粉体，复合粉体，高长径比针状粉体以及多孔粉体。

环境保护和生态建设直接关系到人类的生存和经济社会的可持续发展，环保产业将成为 21 世纪重要的新兴产业之一。许多非金属矿，如硅藻土、沸石、膨润土、凹凸棒石、海泡石、电气石、麦饭石等经过加工具有选择性吸附有害物质及各种有机和无机污染物的功能，而且具有原料易得、单位处理成本低、本身不产生二次污染等优点，可以用来制备新型环境保护材料。膨润土、珍珠岩、蛭石等可用于固沙和改良土壤；超细水镁石用于高聚物基复合材料的阻燃填料不仅可以阻燃，而且不产生可致命的毒烟。

非金属矿物粉体材料是现代新材料的重要组成部分之一，在现代产业发展中起重要作用。近 20 年来，我国非金属矿物粉体材料的加工应用有了显著发展，粉碎、分级、提纯、改性、脱水等加工技术与设备已基本上能满足生产的需要。非金属矿物粉体材料工业已形成相当的规模，年总产量上千万吨，已经在高技术新材料产业以及造纸、塑料、橡胶、涂料、建材、冶金、轻工、化工等传统产业及环保产业得到广泛应用。未来非金属矿物粉体材料的发展趋势是功能化，粉体加工技术将围绕挖掘和提升非金属矿物材料的功能或应用性能来发展。

2 主要非金属矿物

2.1 碳酸盐矿物

2.1.1 矿物结构与特性

碳酸盐矿物是金属阳离子与碳酸根相结合的化合物。碳酸盐矿物分布广泛，其中钙镁碳酸盐矿物最为发育，形成巨大的海相沉积层，占地壳总质量的 1.7%。金属阳离子主要有钠、钙、镁、钡、稀土元素、铁、铜、铅、锌、锰等，与配阴离子碳酸根以离子键结合，形成岛状、链状及层状三种结构类型，以岛状结构碳酸盐为主。

2.1.2 常见矿物

常见的碳酸盐矿物及其鉴定特征见表 2-1。

表 2-1 常见的碳酸盐矿物及其鉴定特征

常见的碳酸盐矿物	鉴 定 特 征
方解石	晶体多成柱状、板状、菱面体及复三方偏三角面体等，常见聚片双晶和接触双晶，三组完全解离。莫氏硬度为 3，加稀冷盐酸急剧气泡
菱镁矿	致密粒状集合体，解理平行 {101} 完全。粉末遇热稀盐酸起泡，放出 CO_2 气体
菱铁矿	晶体呈菱面体状、短柱状或偏三角面体状，解理平行 {101} 完全。在冷 HCl 中作用缓慢，加热后作用加剧，冷 HCl 长时间作用变成黄绿色
菱锌矿	多呈钟乳状、皮壳状、肾状和土状集合体。相对密度为 4~4.5。莫氏硬度为 4.5~5，粉末遇冷稀盐酸有气泡产生
白铅矿	晶体多呈柱状、板柱状和假六方双锥状。集合体呈致密块状、粒状、钟乳状或土状。玻璃至金刚光泽，断面呈油脂光泽。粉末遇冷盐酸起泡
白云石	晶面多呈弯曲的马鞍形，解理平行 {101} 完全。莫氏硬度为 3.5~4
孔雀石	特征的孔雀绿色。形态常呈肾状、葡萄状，内部具放射纤维状及同心层状结构。加冷稀盐酸起泡
蓝铜矿	蓝色。常与孔雀石等铜的氯化物共生。遇冷稀盐酸起泡
白垩岩	柔软、白色、多孔、沉积型碳酸盐岩

2.1.2.1 方解石

方解石是一种碳酸钙矿物，化学组成 $w(CaO) = 56.03\%$，$w(CO_2) = 43.97\%$，常含 Mn 和 Fe，有时含 Sr，天然碳酸钙中最常见的就是它。因此，方解石是一种分布很广的矿物。敲击它可以得到很多方形碎块，故名方解石。方解石的晶体形状多种多样，它们的集合体可以是一簇簇的晶体，也可以是粒状、块状、纤维状、钟乳状、土状等。方解石主要产于沉积变质及热液交代矿床中，也可产于海相沉积矿床中。

2.1.2.2　菱镁矿

菱镁矿是一种碳酸镁矿物，它的组成常有铁、锰替代镁，但天然菱镁矿的含铁量一般不高。菱镁矿晶体属三方晶系的碳酸盐矿物，通常呈显晶粒状或隐晶质致密块状，后者又称瓷状菱镁矿，白或灰白色，含铁的呈黄至褐色，玻璃光泽。具完全的菱面体解理，瓷状菱镁矿则具贝壳状断口。

菱镁矿为提炼金属镁的主要原料，世界菱镁矿储量的 2/3 集中在中国，产量的 1/2 由中国提供。全国共探明菱镁矿矿区 27 个，保有菱镁矿储量 30.01 亿吨以上，分布于 9 个省（区），以辽宁菱镁矿储量最为丰富，占全国的 85.6%，山东、西藏、新疆、甘肃次之。在 20 多处矿床中，10 个大矿区拥有 94% 的储量。

2.1.2.3　菱铁矿

菱铁矿是铁的碳酸盐矿物，成分为 $FeCO_3$，$w(FeO) = 62.01\%$，$w(CO_2) = 37.99\%$。因为它含（质量分数）有 48% 的铁并不含有硫或磷，锌，镁和锰通常替代铁造成菱铁矿-菱锌矿，菱铁矿-菱镁矿和菱铁矿-菱锰矿固溶体系列（锰菱铁矿、镁菱铁矿），此外，钴和钙也是常见杂质。菱铁矿集合体呈粒状、块状或结核状，也有葡萄状和土状者。显晶质球粒状的称为球菱铁矿，隐晶质凝胶状的称为胶菱铁矿。

中国菱铁矿资源十分丰富，目前已探明储量近 20 亿吨，另存保有储量近 20 亿吨。主要分布在西部地区，其中新疆、青海、甘肃、陕西与云南等五个省（自治区）的菱铁矿储量都超过亿吨。

2.1.2.4　白铅矿

白铅矿成分为碳酸铅，铅有时会被银或铬部分取代，属碳酸盐类、霰石族、斜方晶系，$w(Pb) = 77.6\%$。一般多为致密块状集合体、钟乳状或土状。白色或浅黄、褐等色。白铅矿是方铅矿在地表经氧化后的次生矿物。

白铅矿在铅锌矿床发生氧化的地方可以见到，因此它成为人们寻找铅矿的标志。

2.1.2.5　白云石

白云石化学成分为 $CaMg(CO_3)_2$，白云石多呈块状、粒状集合体。纯白云石为白色，因含其他元素和杂质有时呈灰绿、灰黄、粉红等色，玻璃光泽。

白云石晶体常有铁、锰等类质同象（代替镁）。当铁或锰原子数超过镁时，称为铁白云石或锰白云石。海相沉积成因的白云岩常与菱铁矿层、石灰岩层成互层产出。在湖相沉积物中，白云石与石膏、硬石膏、石盐、钾石盐等共生。

白云石主要用作碱性耐火材料和高炉炼铁的熔剂，生产钙镁磷肥和制取硫酸镁，以及生产玻璃和陶瓷的配料。

我国白云岩矿床分布在碳酸盐岩岩系中，时代越老的地层赋存的矿床越多，且多集中于震旦系底层中，如东北的辽河群、内蒙古的桑子群、福建的建瓯群中都有白云岩矿床产出。其次，震旦系、寒武系中白云岩矿床也比较广泛，如辽东半岛、冀东、内蒙古、山西、江苏等地也由大型矿床产出。石炭、二叠系中的白云岩矿床多分布于湖北、湖南、广西、贵州等地。

2.1.2.6 孔雀石

孔雀石是含铜的碳酸盐矿物，化学成分为 $Cu_2(OH)_2CO_3$，$w(CuO) = 71.95\%$，$w(CO_2) = 19.90\%$，$w(H_2O) = 8.15\%$。孔雀石是一种古老的玉料，主要成分为碱式碳酸铜。孔雀石由于颜色酷似孔雀羽毛上斑点的绿色而获得如此美丽的名字。孔雀石产于铜的硫化物矿床氧化带，常与其他含铜矿物共生（蓝铜矿、辉铜矿、赤铜矿、自然铜等）。世界著名产地有赞比亚、澳大利亚、纳米比亚、俄罗斯、扎伊尔、美国等地区。中国主要产于广东阳春、湖北大冶和赣西北。

2.1.2.7 蓝铜矿

蓝铜矿化学组成为 $Cu_3(CO_3)_2(OH)_2$，晶体呈柱状或厚板状，通常呈粒状、钟乳状、皮壳状、土状集合体。深蓝色，玻璃光泽，土状块体为浅蓝色，光泽暗淡。解理完全或中等，贝壳状断口。

蓝铜矿与孔雀石紧密共生，产于铜矿床氧化带中，是含铜硫化物氧化的次生产物。蓝铜矿易转变成孔雀石，所以蓝铜矿分布没有孔雀石广泛。大量产出时可作为铜矿石利用，质纯色美的可用于制作工艺品的材料，粉末用于制作天然蓝色颜料。此外，还可作为寻找原生铜矿的标志。

2.1.2.8 白垩岩

白垩，又名白土粉，是一种非晶质石灰岩，泥质石灰岩未固结前的样态，主要成分为碳酸钙，多为红藻类化石所化成。在地质时间表中的"白垩纪"，正是白垩系地层构造为此年代的代表而得名。

古时粉笔通常用天然的白垩制成，但现今多用其他的物质取代。白垩是制造石灰及瓷器的原料，是涂在陶瓷表面的"釉药"的成分之一，并且可提炼出用来烧制明矾的矾石，可与油混和用来涂饰门墙。

2.2 硅酸盐矿物

2.2.1 矿物结构与特性

硅酸盐矿物是一类由金属阳离子与硅酸根化合而成的含氧硅酸盐矿物，在自然界分布极广，是构成地壳、上地幔的主要矿物，粗略估计占整个地壳的 90% 以上，并且石陨石和月岩中的含量也很丰富。已知的硅酸盐矿物约为 800 个矿物种，约占矿物种总数的1/4。许多硅酸盐矿物如石棉、云母、滑石、高岭石、蒙脱石、沸石等是重要的非金属矿物原料和材料。

2.2.1.1 岛状硅酸盐矿物

岛状硅酸盐矿物的形态和物理性质因硅氧骨干形式的不同而存在着差异。在具孤立四面体的岛状硅酸盐中，由于硅氧四面体本身的等轴性，矿物晶体具有近似等轴状的外形，双折射率小，多色性和吸收性较弱，常具中等到不完全多方向的解理；又由于结构中的原子堆积密度较大，因而具有硬度大、密度大和折射率高等特点。双四面体岛状硅酸盐矿物的情况则不完全相同，晶体外形往往具有一向延长的特征。

2.2.1.2　环状硅酸盐矿物

环状结构硅酸盐矿物常呈三方、六方、四方板状、柱状的晶体形态，这与晶体结构中环本身的对称性有关。另外，环本身虽具有三方、六方或四方的对称，但由于它们与晶体结构中金属阳离子连接的方式不同，对称性降低，而呈正交（斜方）、单斜或三斜晶系，但外形上仍常呈现出假三方、假六方或假四方对称。

2.2.1.3　链状硅酸盐矿物

在链状结构硅酸盐矿物中，由于硅氧骨干呈一向延伸的链，而且平行分布，所以其晶体结构的异向性比岛状和环状的要突出得多。矿物在形态上表现为一向伸长，经常呈柱状、针状以及纤维状的外形。

2.2.1.4　层状硅酸盐矿物

层状硅酸盐矿物是具有由一系列 $[ZO_4]$ 四面体以角顶相连成二维无限延伸的层状硅氧骨干的硅酸盐矿物。硅氧骨干中最常见的是每个四面体均以三个角顶与周围三个四面体相连而成六角网孔状的单层，其所有活性氧都指向同一侧。它广泛地存在于云母、绿泥石、滑石、叶蜡石、蛇纹石和黏土矿物中，通常称之为四面体片。四面体片通过活性氧再与其他金属阳离子（主要是 Mg^{2+}、Fe^{2+} 等）相结合。这些阳离子都具有八面体配位，各配位八面体均共棱相连而构成二维无限延展的八面体片。四面体片与八面体片相结合，便构成了结构单元层。

在层状结构硅酸盐矿物中，矿物晶体的形态一般都呈二向延展的板状、片状的外形，并具有一组平行于硅氧骨干层方向的完全解理。在晶体光学性质上，极大多数矿物呈一轴晶或二轴晶负光性，并具正延性，双折射率大。当矿物的化学组成中具有过渡元素离子时，多色性和吸收性都十分显著。

2.2.1.5　架状硅酸盐矿物

架状硅酸盐矿物是具有由一系列 $[ZO_4]$ 四面体以角顶相连成三维无限伸展的架状硅氧骨干的硅酸盐矿物。除极个别例外，几乎所有架状硅氧骨干中的每个 $[ZO_4]$ 四面体均以其全部的四个角顶与相邻四面体共用而相连接，所有的 O^{2-} 全为桥氧。当 Z 全部为 Si^{4+} 时，硅氧骨干本身电荷以达平衡，不能再与其他阳离子相键合。

由于架状硅氧骨干是一个三维的骨架，它在不同方向上的展布一般不如链状和层状硅氧骨干那样具有明显的异向性，因而架状结构硅酸盐矿物常表现出呈近于等轴状的外形、具多方向的解理、双折射率小等特点。此外，架状硅氧骨干所围成的空隙都较大，与之结合的又主要是大半径的碱和碱土金属离子，因而架状结构硅酸盐矿物还表现出密度小，折射率低，多数呈无色或浅色，多色性和吸收性都不明显。只有少数具有过渡元素的矿物，往往具有特殊的颜色，多色性、吸收性也较明显，折射率、双折射率和密度也相对偏大。

2.2.2　常见矿物

2.2.2.1　高岭石

高岭石也称高岭土，是一种黏土矿物，因首先在江西景德镇附近的高岭村发现而得名。高岭石由长石、普通辉石等铝硅酸盐类矿物在风化过程中形成，呈土状或块状，硬度小，湿润时具有可塑性、黏着性和体积膨胀性，特别是微晶高岭石（也称"蒙脱石""胶岭石") 膨胀性更大 (可达几倍到十几倍)。

高岭石主要是长石和其他硅酸盐矿物天然蚀变的产物，是一种含水的铝硅酸盐。高岭石为或致密或疏松的块状，一般为白色，如果含有杂质便呈米色。高岭石纯者白色，因含杂质可染成其他颜色。高岭石亚族包括高岭石、地开石、珍珠石三种多型。它们的理论结构式为 $Al[Si_4O_{10}](OH)_8$，层间不含水。

高岭石应用范围如下。

(1) 高岭石黏土除用作陶瓷原料、造纸原料、橡胶和塑料的填料、耐火材料原料等外，还可用于合成沸石分子筛以及日用化工产品的填料等。

(2) 高岭石具有白度和亮度高、质软、强吸水性、易于分散悬浮于水中、良好的可塑性和高的黏接性、抗酸碱性、优良的电绝缘性、强的离子吸附性和弱的阳离子交换性以及良好的烧结性和较高的耐火度等性能。高岭土的开发和利用，大大促进了陶瓷工艺水平和制品质量的提高，促进了陶瓷的发展。

我国有极其丰富的高岭石矿物，仅广东就有 6 个大型高岭土矿床。纳米高岭石可用于涂料、造纸、环保、纺织、高档化妆品、高温耐火材料的制造。此外，还可以制成不同用途的特种纳米涂料，如抗紫外线涂料、隐身涂料等。

2.2.2.2 石英岩

石英岩是一种主要由石英组成的变质岩 (石英含量大于 85%)，一般是由石英砂岩或其他硅质岩石经过区域变质作用重结晶而形成，也可能是在岩浆附近的硅质岩石经过热接触变质作用而形成。石英岩一般为块状构造，粒状变晶结构，呈晶质集合体。石英的颜色也很丰富，常见颜色有绿色、灰色、黄色、褐色、橙红色、白色、蓝色、紫色、红色等。

石英岩按石英含量可分为两类：(1) 长石石英岩，石英含量 (质量分数) 大于 75%，常含长石及云母等矿物，长石含量一般少于 20%，如长石含量增多，则过渡为浅粒岩；(2) 石英岩，石英含量 (质量分数) 大于 90%，可含少量云母、长石、磁铁矿等矿物。

2.2.2.3 海泡石

海泡石是一种纤维状的含水硅酸镁，通常呈白、浅灰、浅黄等颜色，不透明也没有光泽。在电子显微镜下可以看到它们是由无数细丝聚在一起排成片状。海泡石的特点，在于当它们遇到水时会吸收很多水从而变得柔软起来，而一旦干燥就又变坚硬。

海泡石由于其晶体结构而具有纤维形态，是由多面体孔壁和孔道交替延伸而形成的纤维结构。在纤维结构中包含着层状结构，由两层 Si—O—Si 键连接的硅氧四面体和中间含镁氧的八面体一同组成，形成了 0.36nm×1.06nm 大小的蜂窝状孔道。在八面体边缘有两个水分子与镁离子结合，参与八面体配位。同时，这些孔洞可以吸附大量的水或极性物质，因此海泡石具有很强的吸附能力。海泡石不仅是一种很好的吸附剂，而且是一种良好的催化剂和催化剂载体。

海泡石的外观颜色多变，耐高温性达 1500~1700℃；吸附性很高，能够吸收大于自身重量 150%的水，易分散于水或其他强中等的极性溶剂里并形成网络，且几乎不受电解质的影响。

海泡泥是公认的吸附能力最强的黏土矿物。海泡泥是一种天然环保粉体墙面装饰材料，是硅藻泥的升级换代产品，广泛适用于工装和家装的墙面装饰。海泡石的应用领域和主要用途见表 2-2。

表 2-2　海泡石的应用领域和主要用途

应用领域	主 要 用 途
油脂	石油精炼吸附剂、脱色剂、过滤剂
酿造、化工	分子筛、用于化工、制糖、酿酒
医药	离子交换剂、净化剂、发亮剂
陶瓷	珐琅质原料环保颗粒去污剂和吸附剂
铸造	型砂黏结剂
硅酸盐	高镁耐火材料的特殊耐高温涂层的优质原料
塑料	发泡灵、脱色剂
建筑	隔音、隔热材料、涂料
橡胶	特殊充填剂
电焊条	焊药配料
轻纺和化工	催化剂、悬浮剂、增稠剂和触变剂
制烟	香烟滤嘴原料
特种用纸	催化载体和吸附剂
国防现代科学	原子能、火箭、卫星诸方面的特殊陶瓷部件
农业	杀虫剂、土壤消毒的载体原料、配制特殊原料、配制动物药剂、家畜垫圈
工艺品	雕刻工艺品、装饰物及生活用品
钻井	抗盐、抗高温的特殊泥浆

2.2.2.4　硅藻土

硅藻土是一种生物成因的硅质沉积岩，它主要由古代硅藻的遗骸所组成。其化学成分以 SiO_2 为主，可用 $SiO_2 \cdot nH_2O$ 表示，含有少量的 Al_2O_3、Fe_2O_3、K_2O、Na_2O、P_2O_5 和有机质。SiO_2（质量分数）通常占 80% 以上，最高可达 94%。硅藻土的矿物成分主要是蛋白石及其变种，其次是黏土矿物——水云母、高岭石和矿物碎屑。

硅藻土的颜色为白色、灰白色、灰色和浅灰褐色等，有细腻、松散、质轻、多孔、吸水性和渗透性强的性质。硅藻土的氧化硅多数是非晶体，碱中可溶性硅酸含量（质量分数）为 50%~80%。非晶型 SiO_2 加热到 800~1000℃ 时变为晶型，碱中可溶性硅酸（质量分数）可减少到 20%~30%。

我国硅藻土储量 3.2 亿吨，远景储量达 20 多亿吨，主要集中在华东及东北地区，其中规模较大、储量较多的有吉林、浙江、云南、山东、四川等地区。

2.2.2.5　凹凸棒石

凹凸棒石为一种晶质水合镁铝硅酸盐矿物，具有独特的层链状结构特征，晶体呈针状、纤维状或纤维集合状。凹凸棒石具有独特的分散、耐高温、抗盐碱等良好的胶体性质和较高的吸附脱色能力，并具有一定的可塑性及黏结力。

凹凸棒石理想的化学分子式为 $Mg_5Si_8O_{20}(OH)_2(OH_2)_4 \cdot 4H_2O$，具有介于链状结构和层状结构之间的中间结构。凹凸棒石呈土状、致密块状产于沉积岩和风化壳中，颜色呈白色、灰白色、青灰色、灰绿色或弱丝绢光泽。

2.2.2.6　石棉

石棉指具有高抗张强度、高挠性、耐化学和热侵蚀、电绝缘和具有可纺性的硅酸盐类矿物产品，它是天然的纤维状的硅酸盐类矿物质的总称，下辖2类共计6种矿物（有蛇纹石石棉、角闪石石棉、阳起石石棉、直闪石石棉、铁石棉、透闪石石棉等）。

世界所产石棉主要是蛇纹石石棉，约占世界石棉产量的95%。其次是透闪石石棉，在印度等国家开采，但产量有限。但是由于石棉纤维能引起石棉肺、胸膜间皮瘤等疾病，许多国家选择了全面禁止使用这种危险性物质。中国也于2002年7月宣布，禁止角闪石类石棉的生产、进口和使用。

石棉的种类主要有：

（1）蛇纹石类石棉，也称纤维蛇纹石或温石棉；

（2）角闪石类石棉，包括青石棉、铁石棉、直闪石石棉、透闪石石棉、阳起石石棉等多种种属；

（3）叶蜡石石棉，为铁、钙的硅铝酸盐，纤维长度较短，多为0.5~1cm，纤维分裂性好，抗折性则较差；

（4）水镁石石棉，是水镁石矿物的纤维状变种，化学组成为$Mg(OH)_2$，耐碱性好，但耐酸性差。

不同种类的石棉，物理力学性质和化学性质也都不同。石棉纤维长度一般为3~50mm，也有较长的。中国发现最长的石棉纤维达2.18m，是目前世界上最长的。

石棉是彼此平行排列的微细管状纤维集合体，可分裂成非常细的石棉纤维，直径可小到0.1μm以下。完全分裂开松后，用肉眼很难观察，因而是良好的细菌过滤材料。石棉纤维的轴向拉伸强度较高，但不耐折皱，经数次折皱后拉伸强度显著下降。

石棉纤维的结构水含量（质量分数）为10%~15%，以含14%的较多。加热至600~700℃（温升10℃/min）时，石棉纤维的结构水析出，纤维结构破坏、变脆，揉搓后易变为粉末颜色会发生变化。石棉纤维的导热系数为0.104~0.260W/(m·K)，是热和电的良好绝缘材料。

蓝石棉的过滤性能较好，具有防化学毒物和净化被放射性物质污染的空气等重要特性。闪石石棉研磨后易分成许多细小的纤维。不含铁的石棉呈白色，含铁的石棉呈不同色调的蓝色。纤维状集合体呈丝绢光泽，劈分后的纤维光泽暗淡。

蛇纹石石棉的耐碱性能较好，几乎不受碱类的腐蚀，但耐酸性较差，很弱的有机酸就能将石棉中的氧化镁析出，使石棉纤维的强度下降。

世界上所用的石棉95%左右为温石棉，其纤维可以分裂成极细的元纤维，工业上每消耗1t石棉约有10g石棉纤维释放到环境中。1kg石棉约含100万根元纤维。元纤维的直径一般为0.5μm，长度在5μm以下，在大气和水中能悬浮数周、数月之久，持续地造成污染。

暴露于（长期吸入）一定量的石棉纤维或元纤维可引发下列疾病：

（1）肺癌、胃肠癌；

（2）间皮癌——胸膜或腹膜癌；

（3）石棉沉着病——因肺内组织纤维化而令肺部结疤（石棉肺）；

（4）与石棉有关的疾病症状，往往会有很长的潜伏期，可能在暴露于石棉 10~40 年才出现（肺癌一般 15~20 年、间皮瘤 20~40 年）。

2.2.2.7　滑石

滑石是热液蚀变矿物。富镁矿物经热液蚀变常变为滑石，是一种常见的硅酸盐矿物，它非常软并且具有滑腻的手感。人们曾选出 10 个矿物来表示 10 个硬度级别，称为摩氏硬度，在这 10 个级别中，第一个（也就是最软的一个）就是滑石。

滑石一般呈块状、叶片状、纤维状或放射状，颜色为白色、灰白色，并且会因含有其他杂质而带各种颜色。滑石的用途很多，如作耐火材料、造纸、橡胶的填料、农药吸收剂、皮革涂料、化妆材料及雕刻用料等。

2.2.2.8　云母

云母是云母族矿物的统称，是钾、铝、镁、铁、锂等金属的铝硅酸盐，都是层状结构。层状解理非常完全，有玻璃光泽，薄片具有弹性。云母的折射率随铁的含量增高而相应增高，不含铁的变种，薄片中无色，含铁越高，颜色越深，同时多色性和吸收性增强。云母同时具有双折射能力，所以也是制造偏振光片的光学仪器材料。

云母是制造电气设备的重要原材料，也能作为吹风机内的绝缘材料。用于电气工业的云母开采，必须是有效面积大于 $4cm^2$ 的云母块，并且无裂缝、穿孔，边缘上非云母矿物不得超过 3mm。

在工业上用得最多的是白云母，其次为金云母，广泛应用于建材行业、消防行业、灭火剂、电焊条、塑料、电绝缘、造纸、沥青纸、橡胶、珠光颜料等化工工业。

云母伟晶岩矿石的主要矿物为微斜长石、长石、石英和白云母等，次要矿物为黑云母、铁铝榴石、电气石、磷灰石、绿柱石和钛铁矿等。金云母矿床矿脉中经常出现磷灰石、透闪石、透辉石、方解石、碳酸盐岩和微斜长石等矿物。碎细白云母矿床白云母一般占 50%~70%，钾长石及石英占 10% 左右，微量矿物为磁铁矿和褐铁矿。

云母的化学式为 $KAl_2(AlSi_3O_{10})(OH)_2$，其中，$w(SiO_2)=45.2\%$、$w(Al_2O_3)=38.5\%$、$w(K_2O)=11.8\%$、$w(H_2O)=4.5\%$，此外，含少量 Na、Ca、Mg、Ti、Cr、Fe 和 F 等。金云母的化学式为 $KMg_3(AlSi_3O_{10})(F,OH)_2$，其中，$w(K_2O)=7\%\sim10.3\%$、$w(MgO)=21.4\%\sim29.4\%$、$w(Al_2O_3)=10.8\%\sim17\%$、$w(SiO_2)=38.7\%\sim45\%$、$w(H_2O)=0.3\%\sim4.5\%$，含少量 Fe、Ti、镁、Na 和 F 等。

2.2.2.9　石榴子石

石榴子石化学通式为 $A_3B_2[SiO_4]_3$，是晶体属等轴晶系的一族岛状结构硅酸盐矿物的总称。石榴子石晶体形态特征明显，多呈菱形十二面体、四角三八面体或二者的聚集体。

石榴子石按成分通常分为铝系和钙系两个系列。

钙铁榴石中含 Ti（$w(TiO_2)=4.60\%\sim16.44\%$）较高的变种称钛榴石。作激光材料的人造钇铝榴石 $Y_3Al_2[AlO_4]_3$ 是钇、铝分别置换钙、硅的结果。

钙系矿物成员有黄褐色、黄绿色钙铝榴石，棕、黄绿色钙铁榴石，鲜绿色钙铬榴石。石榴子石晶形好，常呈菱形十二面体、四角三八面体或两者的聚形体，集合体呈致密块状或粒状。

石榴子石颜色变化大（深红、红褐、棕绿、黑等），无解理，断口参差状，玻璃光泽至金刚光泽，断口为油脂光泽，半透明。性脆。化学性稳定，不易风化。岩石风化后可形成石榴子石砂。

镁铝榴石主要产于基性岩、超基性岩中。金伯利岩中的镁铝榴石以含铬高为特征，是寻找金刚石的指示矿物。

铁铝榴石是典型的变质矿物，常见于各种片岩和片麻岩中。钙铁榴石和钙铝榴石是夕卡岩的主要矿物，钙铬榴石产于超基性岩中，是寻找铬铁矿的指示矿物。石榴子石常见于变质岩中，有的产于火成岩中。

2.2.2.10 电气石

电气石的晶体为复三方柱状晶体，晶体表面会出现特征的平行沿柱状晶体的延长方向的生长条纹，而在横断面上看则为带弧面的球面三角形。

碧玺是电气石的工艺品名，是电气石族里达到珠宝级的一个种类，是一种硼硅酸盐结晶体，含有铝、铁、镁、钠、锂、钾等化学元素，呈现各式各样的颜色。碧玺的成分复杂，颜色也复杂多变。国际珠宝界基本上按颜色对碧玺划分商业品种，颜色越是浓艳价值越高。

中国碧玺产地主要有新疆和云南以及内蒙古等省或地区。新疆的碧玺色泽鲜艳，红色、绿色、蓝色、多色碧玺均有产出，晶体较大，品质比较好。新疆阿勒泰地区的富蕴县可可托海盛产宝石级碧玺。

2.2.2.11 蛋白土

蛋白土由细粒蛋白石组成，一般把 SiO_2 纳米微粒构成的土状粉体称为蛋白土，把 SiO_2 纳米微粒黏结在一起构成的块体或介孔状块体称为蛋白石。含水量（质量分数）为 $1\% \sim 14\%$，还含有少量的 Fe_2O_3、Al_2O_3、K_2O、Na_2O 和有机质等，因产地而异。世界上蛋白土的主要产出国是巴西、美国、墨西哥、澳大利亚和斯洛伐克。我国河南、陕西、云南、安徽、江苏、黑龙江等地也有蛋白土产出。

蛋白土被用作过滤材料和填料等。蛋白土经粉碎后，颗粒可达微米级，具有较发达的纳米级微孔，并且随着其粒度的减小，比表面积增大，可有效提高其吸附性能。

蛋白土的应用领域很广，主要有以下几个方面的用途：

（1）助滤剂和脱色吸附剂。蛋白土比表面积很大，具有很强的吸附性。它由极微小的蛋白土球体组成，具有较发育的孔隙，由于这些特殊的性质，使蛋白土具有助滤剂的基本条件。

（2）纸浆漂白的稳定剂。在用 H_2O_2 漂白过程中，通常加入适量的 Na_2SiO_3 稳定剂用于缓冲溶液 pH 值，减少 H_2O_2 的无效分解。蛋白石的 SiO_2 高，表观密度小，这为蛋白石用作纸浆 H_2O_2 漂白的稳定剂奠定了基础。

（3）建筑行业。蛋白土为无机矿物材料，主要成分为 SiO_2，同其他硅酸盐矿物一样，可用于硅质沥青的制备及硅酸盐水泥的熟料。

（4）无机填料。我国蛋白石资源丰富，蛋白石作为填料与其他已广泛应用于聚合物领域中的填料相比，具有独特的优势。

2.2.2.12 沸石

瑞典的矿物学家克朗斯提（Cronstedt）发现有一类天然硅铝酸盐矿石在灼烧时会产生

沸腾现象，因此命名为"沸石"。沸石是沸石族矿物的总称，是一种含水的碱或碱土金属铝硅酸盐矿物。全世界已发现天然沸石40多种，其中最常见的有斜发沸石、丝光沸石、菱沸石、毛沸石、钙十字沸石、片沸石、浊沸石、辉沸石和方沸石等。已被大量利用的是斜发沸石和丝光沸石。沸石族矿物所属晶系不一，晶体多呈纤维状、毛发状、柱状，少数呈板状或短柱状。

沸石的一般化学式为 $A_mB_pO_{2p}\cdot nH_2O$，结构式为 $A_{(x/q)}[(AlO_2)_x(SiO_2)_y]\cdot n(H_2O)$ 其中，A 为 Ca、Na、K 等阳离子，B 为 Al 和 Si，p 为阳离子化合价，m 为阳离子数，n 为水分子数，x 为 Al 原子数，y 为 Si 原子数，(y/x) 通常在 1~5 之间（是单位晶胞中四面体的个数）。

沸石主要产于火山岩的裂隙或杏仁体中，与方解石、石髓、石英共生，也产于火山碎屑沉积岩及温泉沉积中，其具有独特的孔结构、高的催化活性和热稳定性及耐酸性。

沸石具有离子交换性、吸附分离性、催化性、稳定性、化学反应性、可逆的脱水性、电导性等。沸石可以借水的渗滤作用，以进行阳离子的交换，其成分中的钠、钙离子可与水溶液中的钾、镁等离子交换，工业上用以软化硬水。

沸石的晶体结构是由硅（铝）氧四面体连成三维的格架，格架中有各种大小不同的空穴和通道，具有很大的开放性。碱金属或碱土金属离子和水分子均分布在空穴和通道中，与格架的联系较弱。不同的离子交换对沸石结构影响很小，但使沸石的性质发生变化。

晶格中存在的大小不同空腔，可以吸取或过滤大小不同的其他物质的分子。工业上常将其作为分子筛，用以净化或分离混合物，如气体分离、石油净化、处理工业污染等。

沸石有很多种，它们的共同特点就是具有架状结构，在晶体内分子像搭架子似的连在一起，中间形成很多空腔。因为在这些空腔里还存在很多水分子，因此它们是含水矿物。

沸石的晶体构造组分可分为三种：（1）铝硅酸盐骨架；（2）骨架内含可交换阳离子的孔道和空洞；（3）潜在相的水分子，即沸石水。

2.2.2.13 蛭石

蛭石是一种天然、无毒并在高温作用下会膨胀的矿物，是由一定的花岗岩水合时产生的。由于蛭石有离子交换的能力，它对土壤的营养有极大的作用。

2000 年世界的蛭石总产量超过 50 万吨，最主要的出产国是中国、南非、澳大利亚、津巴布韦和美国。

蛭石是一种与蒙脱石相似的黏土矿物，为层状结构的硅酸盐。一般由黑云母经热液蚀变或风化形成。它有时以粗大的黑云母样子出现（这是蛭石的黑云母假象），有时则细微得成为土壤状。把蛭石加热到300℃时，它能膨胀20倍并发生弯曲，这时的蛭石有点像水蛭（俗称蚂蟥），因此它有了这么一个名字。蛭石加热至500℃脱水后，置于室温下可再度吸水，但加热至700℃后则不再吸水。蛭石一般为褐、黄、暗绿色，有油一样的光泽，加热后变成灰色。

蛭石可按阶段性可以划分为蛭石片和膨胀蛭石，按颜色分类可分为金黄色蛭石、银白色蛭石、乳白色蛭石。

生蛭石片经过高温焙烧后，其体积能迅速膨胀数倍至数十倍，体积膨胀后的蛭石就叫膨胀蛭石，其是层状结构，层间含有结晶水，容重在 $50\sim200kg/m^3$，热导率小，是良好的隔热材料。质量良好的膨胀蛭石，最高使用温度可达 1100℃。此外，膨胀蛭石具有良好的电绝缘性。膨胀蛭石可作为绝热材料、防火材料、摩擦材料、密封材料、电绝缘材料、耐火材料、硬水软化剂、筑材料、吸附剂、机械润滑剂、土壤改良剂等，被广泛应用于冶炼、建筑、造船、化学等工业。

2.2.2.14 硅灰石

硅灰石是一种三斜晶系，细板状晶体，集合体呈放射状或纤维状。颜色呈白色，有时带浅灰、浅红色调。玻璃光泽，解理面呈珍珠光泽。

硅灰石的化学分子式为 $CaSiO_3$，结构式为 $Ca_3[Si_3O_9]$，理论化学成分为 $w(CaO) = 48.25\%$、$w(SiO_2) = 51.75\%$，玻璃质感或珍珠质感的透明脆性晶体。自然界中纯硅灰石罕见，在其形成过程中，Ca 有时被 Fe、Mg、Ti 等离子部分置换而呈类质同象体，并混有少量的 Al 和微量 K、Na，因此具有白色、灰白色、浅绿色、粉红色、棕色、红色、黄色等多种颜色，夹杂白色条纹。由于硅灰石形成时的温度、压力等条件不同，可能出现 3 种同质多象体：（1）三斜链状结构的硅灰石，通称低温三斜硅灰石（α-$CaSiO_3$）；（2）单斜链状结构的 ZM 型副硅灰石，通称副硅灰石（α'-$CaSiO_3$）；（3）三斜三元环状结构的假硅灰石，通称假硅灰石（β-$CaSiO_3$）。

广泛用作工业矿物原料的主要是低温三斜硅灰石。

硅灰石具有独特的工艺性能，如使用硅灰石原料后，可以有效减少坯体收缩率，而且能够降低坯体的吸湿膨胀，防止陶瓷坯体的后期干裂等。含硅灰石的坯体还具有较高的机械强度和较低的介电损失。

2.2.2.15 珍珠岩

珍珠岩是一种火山喷发的酸性熔岩，是经急剧冷却而成的玻璃质岩石，因其具有珍珠裂隙结构而得名。珍珠岩矿包括珍珠岩、黑曜岩和松脂岩。三者的区别在于珍珠岩具有因冷凝作用形成的圆弧形裂纹，称珍珠岩结构。珍珠岩的主要物理性质和一般化学成分见表 2-3 和表 2-4。

表 2-3　珍珠岩的主要物理性质

颜色	黄白、肉红、暗绿、灰、褐棕、黑灰等色，其中以灰白-浅灰为主
外观	断口参差状、贝壳状、裂片状、条痕白色
莫氏硬度	5.5~7
密度	2.2~2.4g/cm³
耐火度	1300~1380℃
折光率	1.483~1.506
膨胀倍数	4~25

表 2-4　珍珠岩矿石的一般化学成分

矿石类型	SiO_2	Al_2O_3	Fe_2O_3	CaO	K_2O	Na_2O	MgO	H_2O
含量(质量分数)/%	68~74	±12	0.5~3.6	0.7~1.0	2~3	4~5	0.3	2.3~6.4

珍珠岩原砂经细粉碎和超细粉碎，可用于橡塑制品、颜料、油漆、油墨、合成玻璃、隔热胶木及一些机械构件和设备中作填充料。珍珠岩经膨胀而成为一种轻质、多功能新型

材料，具有表观密度轻、导热系数低、化学稳定性好、使用温度范围广、吸湿能力小，且无毒、无味、防火、吸音等特点，广泛应用于多种工业部门，见表2-5。

表2-5　膨胀珍珠岩的主要用途

应用领域	建筑工业	助滤剂和填料	农林园艺	机械、冶金、水电、轻工业
主要用途	混凝土骨材；轻质、保温、隔热吸音板；防火屋面和轻质防冻、防震、防火、防辐射等高层建筑工程墙体的填料、灰浆等建筑材料；各种工业设备、管道绝热层；各种深冷、冷库工程的内壁；低沸点液体、气体的贮藏内壁和运输工具的内壁等	制作分子筛，过滤剂，去污剂；用于酿酒、制作果汁、饮料、糖浆、糖、醋等食品加工制造业过滤微细颗粒、藻类、细菌等；净化各种液体；净化水可达到对人畜无害的程度；化工工业塑料、喷漆业去毒、净化废油、石油脱蜡、分馏烷、烃；作为颜料搪瓷、釉、塑料、树脂和橡胶业的充填剂；化学反应中的催化剂，以及油井灌浆混合剂	土壤改造，调节土壤板结，防止农作物倒伏，控制肥效和肥度，以及作为杀虫剂和除草剂的稀释剂和载体	作各种隔热、保温玻璃、矿棉、陶瓷等制品的配料

2.2.2.16　蓝晶石

蓝晶石是岛状结构硅酸盐矿物，成分为 $Al_2[SiO_4]O$。与红柱石、矽线石成同质多象。

蓝晶石色丽透明的晶体可作宝石，以深蓝色为佳。蓝晶石矿物主要成分为蓝晶石和少量硅线石，副矿物成分为石英，次矿物为黑云母、金云母、绿泥石。

蓝晶石是典型区域变质矿物之一，多由泥质岩变质而成。它主要形成于中级变质作用压力较高的条件下，存在于区域变质片岩、片麻岩、相关结晶花岗岩及石英岩脉，与石榴石、十字石、云母和石英共生。

2.2.2.17　透闪石

透闪石（角闪石变种）常含铁，主要产于接触变质灰岩、白云岩中，也见于蛇纹岩中。

透闪石可以是不纯灰岩或白云岩遭受接触变质的产物。在区域变质作用中，也可由不纯灰岩、基性岩或硬砂岩等变质形成。在热液蚀变过程中，也可形成阳起石，是称阳起石化作用。

世界著名的产地有瑞士、奥地利、意大利的 Piedmont、奥地利的 Tyrol 和美国东部的 Appalachian 山脉。其他的产地还有新西兰、Mexico 和中美洲等地。

2.3　硫酸盐矿物

2.3.1　矿物结构与特性

硫酸盐矿物是一类由金属阳离子与硅酸根化合而成的含氧酸盐矿物。在自然界分布极广，是构成地壳、上地幔的主要矿物，估计占整个地壳的 90% 以上，在石陨石和月岩中的含量也很丰富。许多硅酸盐矿物如石棉、云母、滑石、高岭石、蒙脱石、沸石等是重要的非金属矿物原料和材料。

矿物中呈阳离子的主要有铁、钙、镁、钾、钠、钡、锶、铅、铝、铜等。阳离子以离子键与硫氧四面体结合，形成岛状、环状、链状与层状四种结构类型，其中主要是岛状结构硫酸盐矿物，矿物形态以粒状、板状为主。灰白色、无色，含铜、铁者呈蓝色和绿色。玻璃光泽，少数金刚光泽。透明至半透明。硬度低，含结晶水者更低。密度除含铅、钡和汞者较大外，一般属中等。

2.3.2　常见矿物

2.3.2.1　石膏

石膏是单斜晶系矿物，是主要化学成分为硫酸钙（$CaSO_4$）的水合物。石膏是一种用途广泛的工业材料和建筑材料，可用于水泥缓凝剂、石膏建筑制品、模型制作、医用食品添加剂、硫酸生产、纸张填料、油漆填料等。

石膏可泛指生石膏和硬石膏两种矿物。生石膏为二水硫酸钙（$Ca[SO_4] \cdot 2H_2O$），又称二水石膏。硬石膏为无水硫酸钙（$Ca[SO_4]$），通常呈致密块状或粒状，白、灰白色。

两种石膏常伴生产出，在一定的地质作用下又可互相转化。石膏矿以沉积型矿床为主。石膏矿在各地质时代均有产出，以早白垩纪和第三纪沉积型石膏矿为最重要。

2.3.2.2　天青石

天青石化学成分为（Sr，Ba）SO_4，其中 Sr 含量大于 Ba 含量，可含有 Pb、Ca、Fe 等元素。

天青石主要呈钟乳状、结核状、纤维状、细粒状的集合体，产于白云岩、石灰岩、泥灰岩和含石膏黏土等热液矿床和沉积矿床。

天青石与重晶石形成完全类质同象系列，富含钡的称为钡天青石。常呈厚板状或柱状晶体，多为致密块状或板状、粒状集合体。

2.3.2.3　磷灰石

磷灰石是一类含钙的磷酸盐矿物总称，其化学成分为 $Ca_5(PO_4)_3$（F，Cl，OH），其中，$w(CaO) = 55.38\%$，$w(P_2O_3) = 42.06\%$，$w(F) = 1.25\%$，$w(Cl) = 2.33\%$，$w(H_2O) = 0.56\%$。

最常见的矿物种是氟磷灰石 $Ca_5(PO_4)_3F$，其次有氯磷灰石 $Ca_5(PO_4)_3Cl$、羟磷灰石 $Ca_5(PO_4)_3(OH)$、氧硅磷灰石 $Ca_5[(Si, P, S) O_4]_3(O, OH, F)$、锶磷灰石 $Sr_5(PO_4)_3F$ 等。磷灰石晶体常见，一般呈带锥面的六方柱；集合体呈粒状、致密块状、结核状；呈胶体形态的变种称为胶磷灰石，其矿石称为胶磷矿。

通常多种磷灰石含有杂质，如氟、碳、氯、铀、锰和其他稀有元素等。磷灰石作为副矿物见于各种火成岩中，在碱性岩中可形成有工业价值的矿床，如俄罗斯科拉半岛的希比内磷灰石-霞石矿。规模巨大的磷灰石矿床主要为浅海沉积成因，以胶磷矿为主，例如中国的湖北襄阳、云南昆阳、贵州开阳磷矿，或是由它们再经变质作用形成的沉积变质矿床。

2.3.2.4　重晶石

重晶石的成分为硫酸钡，产于低温热液矿脉中，常与方铅矿、闪锌矿、黄铜矿、辰砂等共生。重晶石亦可产于沉积岩中，呈结核状出现，多存在于沉积锰矿床和浅海的泥质、砂质沉积岩中。在风化残余矿床的残积黏土覆盖层内，常成结状、块状。

重晶石的晶体呈大的管状，晶体聚集在一起有时可形成玫瑰花形状或分叉的晶块，这称为冠毛状重晶石。重晶石化学性质稳定，不溶于水和盐酸，无磁性和毒性。

重晶石属于不可再生资源，是中国的出口优势矿产品之一，广泛用于石油、天然气钻探泥浆的加重剂，在钡化工、填料等领域的消费量也在逐年增长。重晶石在医疗上可用于消化系统中造影剂。

中国重晶石资源相当丰富，分布于全国 21 个省（区），总保有储量矿石 3.6 亿吨，居世界第 1 位。

2.4　碳质非金属矿

2.4.1　矿物结构与特性

碳质非金属矿即碳质元素结晶矿物，因而主要由碳组成，熔沸点都比较高。碳质原子部分结构如图 2-1 所示。

2.4.2　常见矿物

2.4.2.1　石墨

石墨（graphite）通常产于变质岩中，是煤或碳质岩石（或沉积物）受到区域变质作用或岩浆侵入作用形成。石墨是元素碳的一种同素异形体，每个碳原子的周边连接着另外三个碳原子，排列方式为呈蜂巢式的多个六边形，每层间有微弱的范德华引力。由于每个碳原子均会放出一个电子，那些电

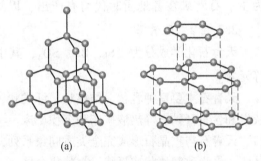

图 2-1　碳质原子结构
（a）金刚石型；（b）石墨型

子能够自由移动，因此石墨属于导电体。石墨是最软的矿物之一，不透明且触感油腻，颜色由铁黑到钢铁灰，形状呈晶体状、薄片状、鳞状、条纹状、层状体或散布在变质岩中。化学性质不活泼，具有耐腐蚀性。

工业上将石墨矿石分为晶质（鳞片状）石墨矿石和稳晶质（土状）石墨矿石两大类。晶质石墨矿石又可分为鳞片状和致密状两种。中国石墨矿石以鳞片状晶质类型为主，其次为隐晶质类型，致密状晶质石墨只见于新疆托克布拉等个别矿床中，工业价值不大。

石墨由于其特殊结构，而具有如下特殊性质。

（1）耐高温性。石墨的熔点为（3850±50）℃，沸点为 4250℃，即使经超高温电弧灼烧，重量的损失很小，热膨胀系数也很小。石墨强度随温度提高而加强，在 2000℃ 时，石墨强度提高一倍。

（2）导电、导热性。石墨的导电性比一般非金属矿高一百倍。导热性超过钢、铁、

铅等金属材料。导热系数随温度升高而降低，甚至在极高的温度下，石墨成绝热体。石墨能够导电是因为石墨中每个碳原子与其他碳原子只形成 3 个共价键，每个碳原子仍然保留 1 个自由电子来传输电荷。

（3）润滑性。石墨的润滑性能取决于石墨鳞片的大小，鳞片越大，摩擦系数越小，润滑性能越好。

（4）化学稳定性。石墨在常温下有良好的化学稳定性，能耐酸、耐碱和耐有机溶剂的腐蚀。

（5）可塑性。石墨的韧性好，可碾成很薄的薄片。

（6）抗热震性。石墨在常温下使用时能经受住温度的剧烈变化而不致破坏，温度突变时，石墨的体积变化不大，不会产生裂纹。

2.4.2.2 金刚石

金刚石俗称"金刚钻"，它是一种由碳元素组成的矿物，是石墨的同素异形体，也是常见的钻石的原身，化学式为 C。金刚石是自然界中天然存在的最坚硬的物质，其结构如图 2-2 所示。

金刚石有各种颜色，从无色到黑色都有，以无色的为特佳。它们可以是透明的，也可以是半透明或不透明。金刚石原生矿仅产出于金伯利岩筒或少数钾镁煌斑岩中。金伯利岩等是它们的母岩，其他地方的金刚石都是被河流、冰川等搬运过去的。金刚石一般为粒状。如果将金刚石加热到 1000℃ 时，它会缓慢地变成石墨。

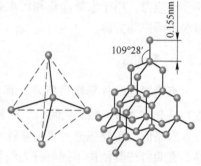

图 2-2 金刚石结构

金刚石的光学性质如下。

（1）亮度。金刚石因为具有极高的反射率，其反射临界角较小，全反射的范围宽，光容易发生全反射，反射光量大，从而产生很高的亮度。

（2）闪烁。金刚石的闪烁就是闪光，即当金刚石或者光源、观察者相对移动时其表面对于白光的反射和闪光。无色透明、结晶良好的八面体或者曲面体聚形钻石，即使不加切磨也可展露良好的闪烁光。

（3）色散或出火。金刚石多样的晶面像三棱镜一样，能把通过折射、反射和全反射进入晶体内部的白光分解成白光的组成颜色——红、橙、黄、绿、蓝、靛、紫等色光。

（4）光泽。刚石出类拔萃般坚硬的、平整光亮的晶面或解理面对于白光的反射作用特别强烈，而这种非常特征的反光作用就叫作金刚光泽。

金刚石化学性质稳定，具有耐酸性和耐碱性，高温下不与浓 HF、HCl、HNO_3 作用，只在 Na_2CO_3、$NaNO_3$、KNO_3 的熔融体中，或与 $K_2Cr_2O_7$ 和 H_2SO_4 的混合物一起煮沸时，表面会稍有氧化；在 O、CO、CO_2、H、H_2O、CH_4 的高温气体中腐蚀。

世界各地都发现了金刚石矿。其中，澳大利亚、刚果、俄罗斯、博茨瓦纳和南非是著名的五大金刚石产地。中国主要金刚石成矿区有：辽东—吉南成矿区，有中生代和中古生代两期金伯利岩。鲁西、苏北、皖北成矿区，下古生代可能有多期金伯利岩。晋、豫、冀成矿区，已在太行山、嵩山、五台山等地发现金伯利岩。湘、黔、鄂、川成矿区，已在湖南沅水流域发现了 4 个具工业价值的金刚石砂矿。

2.5 天然复合非金属矿

2.5.1 麦饭石

麦饭石是一种天然的硅酸盐矿物，学名石英二长岩。麦饭石是对生物无毒、无害并具有一定生物活性的复合矿物或药用岩石。麦饭石的主要化学成分是无机的硅铝酸盐，其中包括 SiO_2、Al_2O_3、Fe_2O_3、K_2O、Na_2O、TiO_2、P_2O_5 等，还含有动物所需的全部常量元素，如 K、Na、Ca、Mg、Cu、Mo 等微量元素和稀土元素，约 58 种。

麦饭石的作用如下。

（1）吸附力强。所谓吸附，乃是具有多孔性、巨大表面积的固体全部溶化作用而发生化学的、物理的反应。麦饭石是多孔性的，吸附能力很强。

（2）麦饭石对水的净化作用。麦饭石是一种对生物无毒、无害并具有一定生物活性的复合矿物或药用岩石，具有复杂的空隙结构，生物活性高，溶解性能稳定，良好的吸附和分解能力。用于水质净化和污水处理过程中吸附金属离子、氨氮及有害细菌、水体过滤和水质调控等方面。

2.5.2 玄武岩

玄武岩是一种基性喷出岩，其化学成分与辉长岩或辉绿岩相似，SiO_2 含量（质量分数）变化在 45%~52% 之间，K_2O 和 Na_2O 含量较侵入岩略高，CaO、Fe_2O_3 和 FeO 含量较侵入岩略低。矿物成分主要由基性长石和辉石组成，次要矿物有橄榄石、角闪石及黑云母等。玄武岩按其结构不同可分为气孔状玄武岩、杏仁状玄武岩、玄武玻璃。

玄武岩耐久性甚高，节理多，且节理面多成五边形或六边形，构成柱状节理。性脆，因而不易采得大块石料，由于气孔和杏仁构造常见，虽玄武岩地表上分布广泛，但可作饰面石材不多。

在玄武岩熔岩流中，垂直冷凝面常发育成规则的六方柱状节理。其成因一般认为，假设在均一基性的熔岩中有均匀分布的冷却中心（呈等边三角形分布），然后各向中心收缩，形成六方柱状节理。

陆上形成的玄武岩，常呈绳状构造、块状构造和柱状节理；水下形成的玄武岩，常具枕状构造；而气孔构造、杏仁构造可能出现在各种玄武岩中。

2.5.3 铝土矿

铝土矿是指工业上能利用的，以三水铝石、一水铝石为主要矿物所组成的矿石的统称。铝土矿是生产金属铝的最佳原料，也是最主要的应用领域，其用量占世界铝土矿总产量的 90% 以上。

铝土矿（晶体化学）理论组成为 $w(Al_2O_3) = 65.4\%$，$w(H_2O) = 34.6\%$。常见类质同象替代有 Fe 和 Ga，$w(Fe_2O_3) = 2\%$，$w(Ga_2O_3) = 0.006\%$。此外，常含杂质氧化钙、SiO_2 等。

晶体结构与水镁石相似，由夹心饼干式的 (OH)—Al—(OH) 配位八面体层平行叠置而成，只是 Al^{3+} 不占满夹层中的全部八面体空隙，仅占据其中的 2/3。

三水铝石主要是长石等含铝矿物化学风化的次生产物，有时为低温热液过程产物，是红土型铝土矿的主要矿物成分。热带和亚热带气候有利于三水铝石的形成。在区域变质作用中，经脱水可转变为软水铝石、硬水铝石（140~200℃）；随着变质程度的增高，可转变为刚玉。

2.5.4 辉绿岩

辉绿岩是指基性浅成侵入岩。矿物成分与辉长岩相似，具辉绿结构，具有斑状结构的辉绿岩称为辉玢岩，岩石呈暗绿或黑色。基性斜长石和辉石容易蚀变，前者常蚀变为钠长石、石英、黝帘石、绿帘石等，而后者常蚀变为绿泥石、角闪石、碳酸盐等。

辉绿岩是铸石的主要原料，用它为原料制造的铸石，是重要的耐磨和耐腐蚀性的工业材料。其主要由辉石和基性长石（与辉长岩成分相当的浅成岩类）组成，含少量橄榄石、黑云母、石英、磷灰石、磁铁矿、钛铁矿等。基性斜长石常蚀变为钠长石、黝帘石、绿帘石和高岭石；辉石常蚀变为绿泥石、角闪石和碳酸盐类矿物，并因生成绿泥石使其整体呈灰绿色。

2.5.5 浮石

浮石又称轻石或浮岩，容重小（0.3~0.4N/m³），是一种多孔、轻质的玻璃质酸性火山喷出岩，其成分相当于流纹岩，因孔隙多、质量轻、容重小于 1g/cm³，能浮于水面而得名。浮岩是由于熔融的岩浆随火山喷发冷凝而成的密集气孔的玻璃质熔岩，其气孔体积占岩石体积的 50% 以上。浮石表面粗糙，颗粒容重为 450kg/m³，松散容重为 250kg/m³ 左右，天然浮石孔隙率为 71.8%~81%，吸水率为 50%~60%。

浮石不仅可以广泛用于建筑、园林、纺织业、制衣厂、服装及牛仔服装洗水厂、洗漂厂、染整厂等行业，还是护肤、护足的佳品，可以有效去除皮肤上残留的角质层。

中国浮石资源十分丰富，多见于火山分布区，是火山喷发产物，以北方地区和沿海地区等火山地区居多。

2.6 其他非金属矿

2.6.1 硼矿

硼是一种典型的非金属元素。硼在自然界中只以化合物形式存在，但在地壳中分散状态的硼却分布广泛，而且是地表水、地下水、岩浆喷气、矿泉水和所有岩层的气液包裹体中所具有的元素。

世界上含硼矿物很多，根据含硼矿物的化学组成，可将其分为三类：硼硅酸盐矿物、硼铝硅酸盐矿物和硼酸盐矿物。其中，硼硅酸盐矿物主要是硅钙硼石和赛黄晶；硼铝硅酸盐矿物主要有电气石和斧石。这两类硼矿物中，除硅钙硼石尚具有工业价值外，其他或是难以加工，或因未大量聚集成工业矿床而意义不大。

2.6.1.1 硼矿矿物特性

硼矿物几乎在地质旋回的所有阶段都可以形成，从岩浆作用到表生作用，在内生条件和外生条件下均可以形成工业富集。

目前，作为硼工业原料的主要是硼酸盐矿物。这类矿物有 100 多种，但作为工业硼资源开发利用的仅有 10 余种，如天然硼砂、遂安石、硼镁石、硬硼钙石、天然硼酸、钠硼解石、柱硼镁石等。

2.6.1.2　应用

硼是重要的化工原料，硼矿的主要用途是用来生产硼砂、硼酸、元素硼以及硼的其他化合物。

A　建材工业

玻璃生产中加入一定量的硼砂可以增强玻璃的热稳定性，增大紫外线的透射率，提高玻璃的透明度和抗冲击的力学性能。近年来，硼酸还大量用于玻璃纤维的制造，而玻璃纤维不仅是生产玻璃钢的重要原料，而且也是建筑、机械和制萘工业等的新型材料。

在陶瓷行业中可用硼砂作催化剂。硼砂也是防腐剂、高温坩埚、油漆等生产的添加剂。

B　轻工工业

硼砂是生产搪瓷制品的重要原料，它能增强搪瓷制品的牢固度和光泽度，提高瓷釉的耐热性，并大大增大其膨胀系数。

在印染行业中，硼砂是常用的煮炼剂，用来去除天然棉纤维中所含的油、蜡及色素等，并对原布具有漂白作用利于染色。

在造纸业中硼化物是一种新型的造纸涂料，它可以增加纸的光泽和防火性能，并用作造纸工业中含汞污水的处理剂等。

硼的某些化合物还可以做成防火剂、防火涂料、油漆干燥剂、防锈漆等。

C　冶金工业

在冶金工业中加入硼化物可制成硼钢等特种钢，这类钢具有很高的强度和耐腐蚀及耐热等优良性能，是制造喷气发动机等主要部件的优质钢材。

在铝、钼、镍等金属中加入少许硼，可以改善这些金属的力学性能。硼也是铸造镁及其合金时的防氧化剂。铁、硼、硅非晶态金属是一种高新技术材料，用作变压器铁心，代替硅钢片。

D　机械工业

在机械工业中硼被用作硬质合金、宝石等硬质材料的磨削、研磨、钻孔及抛光等。

"渗硼"是机械加工行业中一种新工艺，它能提高零件表面的硬度和耐磨、抗氧化性能。

E　化学工业

硼砂、硼酸可作为肥皂、洗涤剂等日用化工产品的添加剂。含硼洗涤剂具有保护头发、去污力强、无污染等性能。某些硼化物还可制成良好的还原剂、催化剂、溴化剂等。

F　电子工业

在硼系列化合物中，某些硼化物是绝缘材料，而有些硼化物则是良好的导电材料，具有半导体的特性，又有电子放射等性能，可用来制造各种电子元、器件，用作引燃管的引燃极、电讯器材、电容器、半导体的掺合料、高压高频电及等离子弧的绝缘体、雷达的传递窗等。

G 原子能工业和国防工业

硼具有显著的吸收中子的作用，可用作原子反应堆中的控制棒及原子反应堆的结构材料。碳化硼具有高熔点、抗压强度大、防辐射和防化学腐蚀性能，因此，它是航空和装甲的理想防护材料。硼的某些化合物是制造火箭喷嘴、燃烧室内件及喷气发动机的部件。硼的氢化物是液体火箭推进剂中常用的燃烧剂等。

H 农业

硼在农业上用作生产硼肥、杀虫剂等。

2.6.2 水镁石

水镁石又名氢氧镁石 $Mg(OH)_2$，是单晶体呈厚板状，常见者为片状集合体；有时成纤维状集合体，称为纤水镁石或水镁石石棉。水镁石是自然界中含镁最高的矿物，是镁金属原料的主要来源。

水镁石是由方镁石（氧化镁）或蛇纹石等富镁的硅酸盐以及富镁碳酸盐矿物经低温热液蚀变而成，常与蛇纹石、菱镁矿等伴生而成脉状产出，也见于变质白云岩和变质灰岩中。水镁石矿主要为水镁石，常伴有蛇纹石、方解石、白云石、菱镁矿、镁硅酸盐矿物、方镁石、透辉石和滑石等，常用作镁质耐火原料，也是提炼金属镁的次要来源。

2.6.3 三水铝石

三水铝石是铝的氢氧化物矿物，在铝土矿床中它是主要的成分。三水铝石的晶体极细小，晶体聚集在一起成结核状、豆状或土状，一般为白色，有玻璃光泽，如果含有杂质则发红色。它们主要是长石等含铝矿物风化后产生的次生矿物。

三水铝石的化学式为 $Al(OH)_3$，化学组成为 $w(Al_2O_3) = 65.4\%$，$w(H_2O) = 34.6\%$。常含有少量的 Fe 和 Ga 置换 Al。常见类质同象替代有 Fe，$w(Fe_2O_3) = 2\%$，$w(Ga_2O_3) = 0.006\%$。此外，常含杂质氧化钙、氧化镁、SiO_2 等。

2.6.4 金红石

金红石，是含钛的主要矿物之一。四方晶系，常具完好的四方柱状或针状晶形，集合体呈粒状或致密块状。暗红、褐红、黄或橘黄色，富铁者呈黑色；条痕黄色至浅褐色。金刚光泽，铁金红石呈半金属光泽。金红石可产于片麻岩、伟晶岩、榴辉（闪）岩体和砂矿中。

金红石是就是较纯的二氧化钛，一般含二氧化钛在95%以上，是提炼钛的重要矿物原料，但在地壳中储量较少。它具有耐高温、耐低温、耐腐蚀、高强度、小密度等优异性能，被广泛用于军工航空、航天、航海、机械、化工、海水淡化等方面。金红石本身是高档电焊条必须的原料之一，也是生产金红石型钛白粉的最佳原料。

金红石显微针状晶体常被包裹于石英、金云母、刚玉等晶体中，尤其在刚玉中呈六射星形分布形成星光红宝石和星光蓝宝石。金红石主要用于提取二氧化钛。制造光触媒产品。有少量金红石可用作宝石，还可作半导体和检波器。

2.6.5 萤石

萤石又称氟石、氟石粉、萤石粉，是一种矿物，等轴晶系，其主要成分是氟化钙

（CaF$_2$）。含杂质较多，Ca常被 Y 和铈等稀土元素替代，此外还含有少量的 Fe$_2$O$_3$、SiO$_2$ 和微量的氯、O$_3$、He 等。自然界中的萤石常显鲜艳的颜色，部分可发出荧光。

多数萤石结晶为八面体和立方体，少见十二面晶体，也有八面体和立方体相交而成的组合晶体，在此条件下也可能生成结构复杂的十二面结晶。解理痕迹在多数晶体上有呈现，从较大晶体上剥落的解理块也很常见。

在八面体结晶下，解理块较扁平、呈三角形；立方晶体的解理块为扁的长方体。萤石的晶体往往出现穿插双晶，即两个晶体相互贯穿所构成的双晶现象；也有团簇而成的共生立方晶体，或为颗粒状、葡萄状、球状或不规则大块。

萤石是唯一一种可以提炼大量氟元素的矿物，同时其还被用于炼钢中的助溶剂以除去杂质。在光学领域对于萤石的需求量较大，其人工合成晶体长大后可以制成多种特殊的透镜。该矿物在制作生产部分类型的玻璃和搪瓷时也有应用。

2.6.6　磷矿

磷矿是指在经济上能被利用的磷酸盐类矿物的总称，是一种重要的化工矿物原料。用它可以制取磷肥，也可以用来制造黄磷、磷酸、磷化物及其他磷酸盐类，以用于医药、食品、火柴、染料、陶瓷、国防等工业部门。磷矿在工业上的应用已有一百多年的历史。

中国磷矿有三大类型：岩浆岩型磷灰石，沉积岩型磷块岩，沉积变质岩型磷灰岩。

（1）岩浆岩型磷灰石。贮量只占总贮量的 7%，主要分布在北方。其特点是磷品位低，一般小于 10%，低者仅为 2%~3%。由于结晶较粗、嵌布粒度较粗，属易选磷矿，选矿工艺简单，选矿指标较高，还伴生有钒、钛、铁、钴等元素，可综合回收，因此这类矿石经济效益较好。

（2）沉积变质岩型磷灰岩。其贮量占总贮量的 23%，主要分布在江苏、安徽、湖北等省。一般情况下，由于风化，矿石松散、含泥高，采用擦洗、脱泥工艺即可获得合格磷精矿，有时也加上浮选工艺。云南滇池地区有许多矿山均采用此工艺，生产成本较低。此类矿是工业价值最大的磷矿。

（3）沉积岩型磷块岩。是世界各国中的主要类型，我国此类型矿石贮量占总贮量的 70%，主要分布在中南和西南。

2.6.7　钾矿

钾矿常指可溶性钾盐矿床，主要是钾石盐以及光卤石、硬盐、钾盐镁矾等。按赋存状态有固态钾矿和液态含钾资源。

固态钾矿按其加工性质分为水溶性钾矿（钾盐矿）和非水溶性钾矿。后者包括明矾石矿、钾长石矿、含钾砂页岩、霞石矿、海绿石砂岩、伊利石黏土岩等，统称含钾岩石，均属硅酸盐类含钾矿物，如用制钾肥需将硅酸钾转变成水溶性钾，工艺过程复杂，生产成本高，故当前除明矾石矿正在综合开发利用外，其余含钾岩石尚未进行正规开发。液态含钾资源包括井盐苦卤、富钾盐湖卤水和海盐苦卤。

3　粒度特性与表面性质

　　粉体就是大量固体粒子的集合体，在集合体的粒子间存在着适当的作用力。粉体与固体的不同点在于，在少许外力的作用下呈现出固体所不具备的流动性和变形。粉体粒子间的相互作用力，至今仍无明确的定量概念，通常是指在触及它时，集合体就发生流动、变形这样大小的力。粉体粒子间的适当作用力是粒子集合体成为粉体的必要条件之一，粒子间的作用力过大或过小都不能成为粉体。

　　材料成为粉体时具有以下特征：

　　(1) 能控制物性的方向性；

　　(2) 即使是固体也具有一定的流动性；

　　(3) 在流动极限附近流动性的变化较大；

　　(4) 能在固体状态下混合，离散集合是可逆的；

　　(5) 具有塑性，可加工成型；

　　(6) 具有化学活性。

　　组成粉体的固体颗粒其粒径的大小对粉体系统的各种性质有很大的影响，同时固体颗粒的粒径大小也决定了粉体的应用范畴。各个工业部门对粉体的粒径要求不同，可以从数毫米到数纳米。通常将粒径大于 1mm 的粒子称为颗粒，而粒径小于 1mm 的粒子称为粉体。

　　在开发和研究过程中，材料的性能主要由材料的组成和显微结构决定。显微结构，尤其是无机非金属材料在烧结过程中所形成的显微结构，在很大程度上由所采用原料的粉体特性所决定。根据粉体特性有目的地对生产所用原料进行粉体制备和性能的调控、处理，是获得性能优良材料的前提。

3.1　粒度特性

3.1.1　粒径

　　粒径或粒度都是表征粉体所占空间范围的代表性尺寸。

　　以颗粒的尺寸表示粒度时，该尺寸称为粒径。若颗粒为球体，则粒子的粒径就为球体直径。如果颗粒为正方体，则粒子粒径可用其棱边长、主对角线或面对角线长来表征。总之，几何形状规则的颗粒（如圆柱体、三角锥体）均可以用直径或边长作为粒径的代表尺寸。

　　但是，实际的粉体形状相当复杂，而且每一个颗粒都有其独自的形状，对于形状不规则的颗粒，其粒径的确定就比较困难，此时就采用一个虚拟的"直径"来表示其粒径的大小。这虚拟的"直径"是利用某些与颗粒大小有关的性质（如表面积、体积等）的测定，在一定条件下或通过一定的公式推导出的具有线性量纲的"演算直径"。"演算直径"常有三轴径、球当量径、圆当量径和统计径四大类。

（1）三轴径。设有一最小体积的长方体（外接长方体）恰好能装入一个颗粒，如图 3-1 所示。以该长方体的长度 l、宽度 b、高度 h 定义颗粒的尺寸时，就称为三轴径。如采用显微镜测定，所观测到的是颗粒的平面图形，将间距最近的两平行线间的距离称为短径 b，与其垂直方向的平行线间的距离称为长径 l，由显微镜载玻片至颗粒顶面间的距离称为高度 h。用显微镜测定时，通常先确定长径，然后，取垂直方向作为短径。这种取定方法，对于必须强调长形颗粒存在时较为有利。三轴径的平均值计算式及物理意义列于表 3-1。

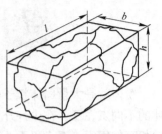

图 3-1 颗粒的外接长方体

表 3-1 三轴径的平均值计算公式及物理意义

序号	计算式	名称	物理意义
1	$\dfrac{l+b}{2}$	长短平均径，二轴平均径	平面图形的算术平均
2	$\dfrac{l+b+h}{3}$	三轴平均径	算术平均
3	$\dfrac{3}{\dfrac{1}{l}+\dfrac{1}{b}+\dfrac{1}{h}}$	三轴调和平均径	同外接长方体有相同比表面积的球的直径，或立方体的边长
4	$\sqrt{lb}$	二轴几何平均径	平面图形的几何平均
5	$\sqrt[3]{lbh}$	三轴几何平均径	同外接长方体有相同体积的立方体的一边长
6	$\sqrt{\dfrac{2lb+2bh+2lh}{b}}$		同外接长方体有相同表面积的立方体的一边长

（2）球当量径。无论是从几何学还是物理学的角度来看，球体是最容易处理的，因此，往往以球体为基础，把颗粒看作大小相当的球体。与颗粒同体积的球的直径称为等体积球当量径；与颗粒同表面积的球的直径称为等表面积球当量径；与颗粒同比表面积的球的直径称为等比表面积球当量径。另外，在流体中以等沉降速度下降的球的直径称为等沉降速度球当量径。

（3）圆当量径。以与颗粒投影轮廓性质相同的圆的直径表示粒度，与颗粒投影面积相等的圆的直径称为投影圆当量径。它可通过装在显微镜目镜上的测微尺（尺上画有许多一定尺寸比的圆）观测确定。另外，还有等周长圆当量径，它是指圆周与颗粒投影图形周长相等的圆的直径。

（4）统计平均径。统计平均径是平行于一定方向（用显微镜）测得的线度，又称定向径。各种直径的表示方法如图 3-2 所示。

任何一个颗粒群不可能是同一粒径的粒子所组成的单分散系统，也就是说颗粒群总是由不同粒度组成的多分散系统，因此，对于颗粒群来说，最重要的粒度特征是平均粒度和粒度分布。

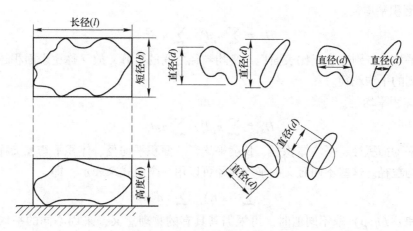

图 3-2　各种直径的表示方法

3.1.2　平均粒径

在实际中，粉体所涉及的不是单个的颗粒，而是包含各种不同粒径的颗粒的集合，即粒子群。对于不同粒径颗粒组成的粒子群，为简化其粒度大小的描述，常采用平均粒径的概念。平均粒径是用数学统计方法来表征的一个综合概括的数值。

设粒子群中某一微分区段的粒径为 d_i，其相应的粒子数为 n_i，则其平均粒度的计算方法主要有以下几种。

（1）算术平均粒径。

$$D_1 = \frac{1}{n} \sum n_i d_i \tag{3-1}$$

（2）几何平均粒径。

$$D_g = \left(\prod d_i^{n_i} \right)^{\frac{1}{n}} \tag{3-2}$$

等式两边取对数，则

$$\lg D_g = \sum (n_i \lg d_i) / \sum n_i \tag{3-3}$$

几何平均粒径特别适用于服从对数正态分布的粉体物料。

（3）调和平均粒径。

$$D_h = \sum n_i / \sum \frac{n_i}{d_i} \tag{3-4}$$

（4）平均面积径。

$$D_S = \sqrt{\sum n_i d_i^2 / \sum n_i} \tag{3-5}$$

（5）平均体积径。

$$D_V = \sqrt[3]{n_i d_i^3 / \sum n_i} \tag{3-6}$$

（6）长度平均径。

$$D_2 = \sum n_i d_i^2 / \sum n_i d_i \tag{3-7}$$

（7）面积平均径。

$$D_3 = \sum n_i d_i^3 \Big/ \sum n_i d_i^2 \tag{3-8}$$

面积平均径特别适合于比表面积与平均粒径之间的换算，故又称比表面积粒径，是一个经常用到的平均粒径。

（8）体积平均径。

$$D_4 = \sum n_i d_i^4 \Big/ \sum n_i d_i^3 \tag{3-9}$$

上述平均面积径、平均体积径、长度平均径、面积平均径、体积平均径又称具有物理意义的平均粒径。这些不同意义的平均粒径可以用一个通式来表示，即

$$D = \sum (d^q n) \Big/ \sum (d^p n) \tag{3-10}$$

当 q 和 p（$q>p$）取不同值时，可根据其具有的物理意义，采用不同的平均粒径的计算公式，见表3-2。

表 3-2　平均粒径的计算式

平均径名称	符号	个数基准	质量基准	备　注
个数（算术）平均径	D_1	$\dfrac{\sum (nd)}{\sum n}$	$\dfrac{\sum (W/d^2)}{\sum (W/d^3)}$	颗粒的总数或总长
长度平均径	D_2	$\dfrac{\sum (nd^2)}{\sum (nd)}$	$\dfrac{\sum (W/d)}{\sum (W/d^2)}$	$p=1,\ q=2$
面积平均径	D_3	$\dfrac{\sum (nd^3)}{\sum (nd^2)}$	$\dfrac{\sum W}{\sum (W/d)}$	$p=2,\ q=3$
体积平均径	D_4	$\dfrac{\sum (nd^4)}{\sum (nd^3)}$	$\dfrac{\sum (Wd)}{\sum W}$	$p=3,\ q=4$
平均表面积径	D_S	$\sqrt{\dfrac{\sum (nd^2)}{\sum n}}$	$\sqrt{\dfrac{\sum (W/d)}{\sum (W/d^3)}}$	$p=0,\ q=2$
平均体积径	D_V	$\sqrt[3]{\dfrac{\sum (nd^3)}{\sum n}}$	$\sqrt[3]{\dfrac{\sum W}{\sum (W/d^3)}}$	$p=0,\ q=3$
调和平均径	D_g	$\dfrac{\sum n}{\sum (n/d)}$	$\dfrac{\sum (W/d^3)}{\sum (W/d^4)}$	平均比表面积

尽管计算粒子群的平均粒径的方法很多，但是对于同一粒子群，用不同方法计算出的平均粒径都不相同。以常用的算术平均径、几何平均径和调和平均径来说，其结果是算术平均径>几何平均径>调和平均径。此外，有些平均粒径的计算方法反映了不同的物理意义。因此，在一定情况下，只能应用某一种计算方法来确定它们的平均粒径。与任何平均值一样，平均粒径只代表粒子群统计值特征的一个方面，不可能全面地表征出全部数量的性质，而这种性质对于一定的粒子群是完全确定的。

此外，安德列耶夫还提出用定义函数来求平均粒径。设有粒径为 d_1、d_2、d_3……组成的颗粒群，该颗粒群有以粒径函数表示的某物理特征 $f(d)$，则粒径函数具有加和性

质，即

$$f(d) = f(d_1) + f(d_2) + f(d_3) + \cdots + f(d) \tag{3-11}$$

即为定义函数。

对于粒径为 d_1、d_2、d_3、……组成的颗粒群，若以直径为 D 的等径球形颗粒组成的假想颗粒群与其对应，如双方颗粒群的有关物理特性完全相等，则下式成立：

$$f(d) = f(D) \tag{3-12}$$

也就是说，双方颗粒群具有相同的物理性质。这是基本式，如 D 可求解，则它就是求平均粒径的公式。

（9）当量直径。形状规则的颗粒可以用某种特征线段来表示其大小（直径、棱长等），由于矿物颗粒形状具有广泛的不确定性，其真实粒径不易确定，因此常用一些同体积的规则物的特征线段作为不规则颗粒"相当粒径"，也称当量或演算直径。

通过测定某些与颗粒大小有关的性质，推导出与线性量纲有关的参数称为当量直径。如利用某种方法测得一不规则颗粒的体积，再计算出该体积球的直径，则所计算出的直径就是该颗粒的当量直径。不同当量直径特征见表 3-3。

表 3-3　不同当量直径特征

名　称	符号	公　式	物理意义或定义
体积直径	d_V	$3\sqrt{3V/\pi}$	与颗粒具有相同体积的圆球直径
面积直径	d_S	$\sqrt{S/\pi}$	与颗粒具有相同表面积的圆球直径
体积面积直径	d_{SV}	d_S^2/d_V^3	与颗粒具有相同外表面积和体积比的圆球直径
沉降速度相当径	d_{st}	$\sqrt{18v\eta/g(\rho_s - \rho_1)}$	层流区（$R_e < 0.5$）颗粒的自由落直径

注：v 为颗粒沉降速度；η 为介质黏度；ρ_s 为颗粒密度；ρ_1 为液体密度。

3.1.3　粒度分布

由于所研究的粉体是多颗粒系统，如果整个颗粒系统全为粒径相等颗粒，则颗粒系统称为单粒度体系，即颗粒系统的颗粒全部相等的颗粒系统。反之就是多粒度体系，颗粒系统中粉体由不同粒径的颗粒组成。

用简单表格、绘图或函数形式来反映出粒度群体中各种颗粒大小及对应关系，称为粒度分布（状态）。用颗粒的特征尺寸（线性、面积、体积）和总量（个数、面积、体积）可完整地表示出粒度群体颗粒状态，所以，特征尺寸称粒度变量，总量称总体数量。

粒度分布表示方法有列表法、作图法和函数法、函数曲线图法、函数表示法。

3.1.3.1　列表法

列表法是将粒度分析所得到的原始数据及由此计算出的相应数据列成可供粒度分析的表格。优点是通过列表方法简单反映出各粒级分布情况，找出主导粒级、各粒级频度和累积含量等，同时也是其他表达方法的基础资料。缺点则是数据量大时列表复杂，表中的数据不连续，不能马上读出表中未列出的数据。

3.1.3.2　作图法

作图法是在直角坐标系中用矩形或曲线图方法将粒度分布情况表示出来，如图 3-3 所示，某粉体颗粒大小的分布数据和累计频率见表 3-4。

常用来表示粒度分布的图形有矩形图、频率分布函数图和累积分布函数图。

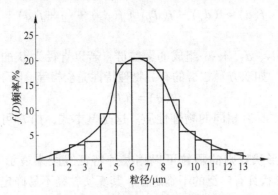

图 3-3　作图法表示粒度分布情况

表 3-4　某粉体颗粒大小的分布数据和累计频率

粒径范围/μm	组中值/μm	频数 n	频率/%	累计频率	
				筛下累计/%	筛上累计/%
<1.0	0.00	0	0.00	0.00	100.00
1.0~2.0	1.5	5	1.67	1.67	98.33
2.0~3.0	2.5	9	3.00	4.67	95.33
3.0~4.0	3.5	11	3.67	8.34	91.66
4.0~5.0	4.5	28	9.33	17.67	82.33
5.0~6.0	5.5	58	19.33	37.00	63.00
6.0~7.0	6.5	60	20.00	57.00	43.00
7.0~8.0	7.5	54	18.00	75.00	25.00
8.0~9.0	8.5	36	12.00	87.00	13.00
9.0~10.0	9.5	17	5.67	92.67	7.33
10.0~11.0	10.5	12	4.00	96.67	3.33
11.0~12.0	11.5	6	2.00	98.67	1.33
12.0~13.0	12.5	4	1.33	100.00	0.00
>13.0		0			
总和		300	100		

3.1.3.3　矩形图法

矩形图法是在直角坐标系中，以粒度范围为长度在横坐标轴上做矩形底边，以各级频率（颗粒数、百分含量或单位长度频率）为矩形的高作平行于纵坐标轴的矩形，如图 3-4 所示。优点是可一目了然地看出各粒级的变化及主导级别等情况；缺点是非连续分布，缺少各粒级范围内的信息，不能完整地反映整个粒群的粒度特征。

3.1.3.4　函数曲线图法

当所提供的物料粒度级别多，粒级间隔足够小时，连接矩形图每一个矩形顶边的中点，可得到一条光滑曲线，这条曲线既为该粒群的微分分布曲线（频率或密度函数曲

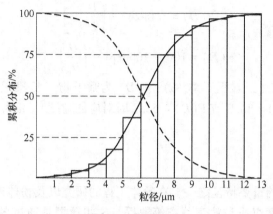

图 3-4 矩形图法

线）。

粒度的微分分布曲线表示的是各个粒径相对应的百分含量。微分粒度区间（D 到 $D + \mathrm{d}D$）颗粒所占的数量称为产率。

将一种粒度到另一种粒度间各级产率相加，也就是通过积分求和方法得出密度函数：

$$A' = F(D) = \int_{D_{\min}}^{D} f(D)\,\mathrm{d}D \tag{3-13}$$

式中，$F(D)$ 称为粒群粒度分布函数，反映粒群函数的图线称为该粒群粒度分布函数图（累积分布曲线），表示小于或大于某指定粒度的累积产率的百分数。

负累积分布曲线：小于某指定粒度的累积分布曲线（$F(D)$）。

正累积分布曲线：大于某指定粒度的累积分布曲线（$R(D)$）。

$$R(D) = 100 - F(D) \tag{3-14}$$

3.1.3.5 函数表示法

函数法是用数学方法将物料粒度数据归纳、整理并建立能反映物料粒度分布规律的数学模型——粒度特性方程。

粒度特性方程便于进行统计分析、数学计算和应用电子计算机进行复杂分析运算。粒度特性方程可以表现出粒度分布情况，通过解析方法可以求出各种平均径、比表面积、单位质量颗粒数等。

到目前为止，粒度特性方程均为经验式，20 世纪 20 年代以来，人们已提出数十种特性方程，在矿物加工中最常用的有 2 种。

（1）盖茨-高登-舒兹曼粒度特性方程（GGS）。

$$F(D) = 100\left(\frac{D}{D_{\max}}\right)^{m} \tag{3-15}$$

式中，$F(D)$ 为筛下物（负累积产率，%）；$D_{\max}$ 为物料中最大粒度；D 为粒度；m 为分布模数（与材料性质、设备性能有关）。

颚式破碎机、辊式破碎机及棒磨机细粒级产品符合该方程，球磨机产物近似符合。

（2）罗辛-拉姆勒-斯波林-本尼特粒度特性方程（RRSB）。

$$R(D) = 100\exp\left[-\left(\frac{D}{D}\right)^n\right] \tag{3-16}$$

$$F(D) = 100 - 100\exp\left[-\left(\frac{D}{D_e}\right)^n\right] \tag{3-17}$$

式中，$R(D)$ 为筛上物（正累积产率，%）；$F(D)$ 为筛下物（负累积产率，%）；D 为粒度；D_e 为临界粒度（$R(D) = 36.8$ 或 $F(D) = 63.2$ 时对应的粒度）；n 为分布模数（均匀系数，表示粒度范围宽窄）。

3.1.4　粒度检测

粒度是粉体物性的重要特征之一，在粉体工程的研究以及粉体产品的生产中，常常用到诸如平均粒度、粒度组成和粒度分布等数据，这些数据是通过各种粒度测定方法得到的。因此，粒度测定方法是粉体工程研究的主要内容之一，在研究与生产起着必不可少的作用。测定方法、原理和特点大致见表3-5。

表 3-5　粉体粒度物料测定方法、原理和特点

方法或仪器名称		基　本　原　理	测定范围/μm	特　　点
丝网筛		通过一组筛子将样品分散，称重各粒级，可获得粒度重量累积分布	38~1000	方法简单、快速，可获得平均粒度和粒度分布，分干法和湿法两种筛析法
电沉积筛		物料通过电成型的微孔筛将样品分级	5~56	近年来开始在工程技术上使用的一种新型筛析仪器
重力沉降	移液管法	分散在沉降介质中的样品颗粒，其沉降速度是颗粒大小的函数，通过测定分散体系因颗粒沉降而发生的浓度变化，测定颗粒大小的粒度分布	1~100	仪器便宜，方便简单，安德逊移液管法应用很广。缺点是测定时间长，分析、计算工作量大
	比重计法	利用比重计在一定位置所示悬浊液比重随时间的变化测定粒度分布	1~100	
	浊度法	利用光透过法或 X 射线透过法测定因分散体系浓度变化引起的浊度变化，测定样品的粒度分布	0.1~100	自动测定，数据不需处理便可得到分布曲线，可用于在线粒度分析
	天平法	通过测定已沉降下来的颗粒的累积重量测定粒度分布	0.1~150	自动测定和自动记录，但仪器较贵，测定小颗粒，误差较大
离心沉降		在离心力场中，颗粒沉降也服从斯托克斯定律，利用圆盘离心机使颗粒沉降，测定分散体系的浓度变化；或者使样品在空气介质离心力场中分级，从而得到粒度分布	0.01~30	测定速度快，是超细粉体颗粒的基本粒度测定方法之一，可得到颗粒大小和粒度分布，是较先进的测定方法之一，用途广泛
库尔特计数器		悬浮在电解液中的颗粒，通过一小孔时，由于排出一部分电解液而使液体电阻发生变化，这种变化是颗粒大小的函数，电子仪器自动记录下粒度分布	0.4~200	速度快、精度高、统计性好，完全自动化，近年来应用较广，可得到颗粒粒度和粒度分布

续表3-5

方法或仪器名称		基 本 原 理	测定范围/μm	特 点
激光粒度分析仪		根据夫琅和费衍射原理测定颗粒粒度和粒度分布	2~176	自动化程度高，操作简单，测定速度快，重复性好，可用于在线粒度分析
显微镜	光学显微镜	把样品分散在一定的分散液中制取样片，测颗粒影像，将所测颗粒按大小分级，便可求出以颗粒个数为基准的粒度分布	1~100	直观性好，可观察颗粒形状，但分析的准确性受操作人员主观因素影响较大
	扫描和透射电子显微镜	与光学显微镜方法相似。用电子束代替光源，用磁铁代替玻璃透镜。颗粒由显微镜照片显示出来	0.001~10	测定亚微米颗粒、粒度分布和颗粒形状的基本方法，广泛用于科学研究，仪器昂，需专人操作
透过法		把样品压实，通过测定空气流通过样品床时的阻力，用柯增尼-卡曼理论计算样品的比表面积，引入形状系数，可换算成平均料径	0.01~100	仪器简单、测定迅速、再现性好，但不能测定粒度分布数据。另外，测定时样品一定要压实
BET法		根据BET吸附方程式，用测定的气体吸附量求比表面积，引入形状系数，可换算成平均粒径	0.003~3	这是常用的比表面积测定法，再现性好，精度较高，但数据处理较复杂

3.1.4.1 筛分法

筛分分析是利用筛孔大小不同的一套筛子进行粒度分级。对于粒度小于100mm而大于0.038mm的松散物料，一般用筛分测定其粒度组成的粒度分布。常见的标准筛见表3-6。

表3-6 常见的标准筛

国际制（ISO565）	我国分样筛		泰勒筛		德国筛（DIN-1171）	
筛孔边长/mm	网目数	筛孔边长/mm	网目数	筛孔边长/mm	网号	筛孔边长/mm
6.7	4	5.1	2.5	7.925	1	6
6.3	6	3	3	6.68	2	3
5.6	8	2.5	3.5	5.691	3	2
4.75	10	2.0	4	4.699	4	1.5
4	12	1.6	5	3.962	5	1.2
3.35	16	1.25	6	3.327	6	1.02
2.8	18	1.0	7	2.794	8	0.75
2.36	20	0.9	8	2.262	10	0.6
2	24	0.8	9	1.981	11	0.54
1.7	26	0.71	10	1.651	12	0.49
1.4	28	0.63	12	1.397	14	0.43

续表3-6

国际制（ISO565）	我国分样筛		泰勒筛		德国筛（DIN-1171）	
筛孔边长/mm	网目数	筛孔边长/mm	网目数	筛孔边长/mm	网号	筛孔边长/mm
1.18	32	0.56	14	1.168	16	
1	35	0.5	16	0.991	20	
0.85	40	0.45	20	0.833	24	0.385
0.71	45	0.4	24	0.701	30	0.3
0.6	50	0.355	28	0.589	40	0.15
0	55	0.315	32	0.495	50	0.12
0.425	65	0.25	35	0.417	60	0.1
0.355	75	0.2	42	0.351	70	0.088
0.3	85	0.18	48	0.295	80	0.07
0.25	100	0.154	60	0.246	100	0.06
0.212	120	0.125	65	0.208	130	0.036
0.18	150	0.108	80	0.175		
0.15	180	0.09	100	0.147		
0.125	200	0.076	115	0.124		
0.106	280	0.055	150	0.104		
0.09	350	0.042	170	0.088		
0.075	370	0.038	200	0.074		
0.063	400	0.034	230	0.062		
0.053			270	0.053		
0.045			325	0.043		
0.038			400	0.038		

　　筛分方法可以测定粒度分布，通过绘制累积粒度特征曲线，还可以得到累积产率50%时的平均粒度。

　　筛分法的特点是设备简单、操作容易，但筛分结果受颗粒形状的影响较大。另外，丝织筛对于筛析小于0.038mm的物料困难大。

　　使用电沉积筛网，目前可以筛分小至5μm的物料。这种筛子用电铸镍制成，筛孔为正方形或圆形，操作步骤与标准筛不同。但这种细筛技术存在筛析时间长和经常发生堵塞两个严重缺点。

3.1.4.2　显微镜法

　　显微镜法是能够将颗粒形状、大小以及分布状态进行全面了解的一种方法。用于进行粒度测定的显微镜包括光学显微镜和电子显微镜，常用光学显微镜如图3-5所示。电子显微镜又分扫描电子显微镜和透射电子显微镜。光学显微镜通常适用于测定大于1μm的颗粒，电子显微镜测定的粒度可小至 $0.001\mu m$。

用显微镜测定的粒度一般来说是等球体直径。但是，颗粒的形状是多种多样的，对于不规则形状的颗粒，已有多种方法来表示显微镜测定的粒度。通常在显微镜下采用马丁径、费莱特径和投影圆当量径。

用显微镜测定得到的粒度分布是按颗粒数计算的。根据不同粒径的粒子群中所包含的颗粒数对全体试样（颗粒总数）的百分率之间的关系绘制粒度分布曲线，再根据小于或大于某一粒径的颗粒数之和对全体试样的百分率之间的关系，又可得到累积粒度特征曲线。此外，还可按颗粒计算粒度分布转换为按重量计算的粒度分布。测定时，通常将整个试样分成若干个粒级，对于每个粒级测定足够的颗粒数，然后计算其平均粒径。

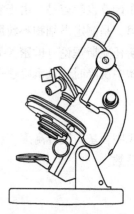

图 3-5　常用光学显微镜

根据光学显微镜照片测量的 Feret 径汇总结果见表 3-7。

表 3-7　根据光学显微镜照片测量的 Feret 径汇总结果

粒径范围/μm	下限粒径 $\lg D_p$	测量的颗粒个数 n	累计个数	筛上累计/%	筛下累计/%
>60	1.778	44	44	1.6	98.4
60~50	1.700	59	103	3.8	96.2
50~40	1.602	156	259	9.4	90
40~30	1.477	335	594	21.6	78.4
30~20	1.301	888	1482	54.0	46.0
20~15	1.176	558	2024	74.2	25.8
15~10	1.000	425	2465	89.7	10.3
<10		282	2747	100.0	

为了确保测定结果的准确性，要注意以下几点：

（1）测定的颗粒数要足够多，为了得到正确的粒度分布，必须尽可能在不同的视域中对许多的颗粒进行测定。根据研究，使用电子显微镜时，至少要测定 1000 个颗粒，对于每一个粒级，至少必须观察 10 个颗粒。

（2）要选择适当的显微倍率，使对视域中存在的最小颗粒也具有分辨能力。据此，在光学显微镜可以清晰测定的粒度范围内，应当优先选用光学显微镜。在测定 $1\mu m$ 以下的颗粒时，由于光学显微镜分辨率较差，可选用电子显微镜，但显微倍率也要适当，不能过高。

（3）视域中不同角度测得的粒径不一样，因此，最好是先测其粒度分布，然后再计算其平均粒径。

用显微镜测定颗粒粒度，需要计算大量的颗粒，容易产生人为误差。如果将其与近代图像仪结合起来使用，不仅避免了烦琐的计算方法，还可在短时间内提供完整的粒度分布和形状等的资料。

3.1.4.3　沉降法

沉降法是在适当的介质中使颗粒进行沉降，再根据沉降速度测定颗粒粒径的方法。除利用重力场进行沉降外，还可利用离心力场测定更细的物料的粒度。沉降法原理简单，操作计算也较容易。由于它不仅能测定粒度大小，还能测定粒度分布，因而得到了广泛的应用，是测定微细物料粒度大小与粒度分布的常用方法之一。该法的理论依据是众所周知的斯托克斯理论。即密度为 ρ_1，直径为 D 的球形颗粒，靠重力在密度为 ρ_2，黏度为 η 的流体中沉降时，其沉降速度为：

$$v = \frac{H}{t} = \frac{(\rho_1 - \rho_2)g}{18\eta}D^2 \tag{3-18}$$

式中，H 为沉降高度；t 为沉降 H 高度所用的时间；g 为重力加速度；η 为流体的黏度系数。

$$D = \sqrt{\frac{18\eta v}{(\rho_1 - \rho_2)g}} \tag{3-19}$$

这样得到的粒径称为斯托克斯径。实际上它是与试样颗粒具有相同沉降速度的球体的直径。因此，用沉降法测得的粒径有时也称为等效径或斯托克斯粒径。颗粒的形状不规则时要取适当的形状系数进行修正。

斯托克斯理论要求颗粒沉降时的雷诺系数 Re 小于或等于 0.2。当颗粒粒度比较小时，重力沉降法需要较长的时间，如果在离心力场中沉降，将大大缩短沉降时间，并可降低沉降粒度的下限。

球形颗粒在离心力场中稳态沉降时，受到两个方向相反的力的作用，一个是离心力，另一个是介质阻力，在层流区域内的离心沉降公式为：

$$3\pi\eta D \frac{dr}{dt} = \frac{\pi}{6}D^3(\rho_1 - \rho_2)\omega^2 r \tag{3-20}$$

式中，r 为颗粒至转轴的距离；$\frac{dr}{dt}$ 为离心力场中离转轴 r 处的颗粒的沉降速度，$\frac{dr}{dt} = vc = \frac{\rho_1 - \rho_2}{18\eta}D^2\omega^2 r$；$\omega$ 为旋转角速度（以每秒弧度表示）；D 为颗粒粒径。

设 S 为旋转轴到悬浮液面的距离，R 为旋转轴到离心沉降管底的距离，将 $\frac{dr}{dt}$ 积分：

$$\int_S^R \frac{dr}{r} = \int_0^D \frac{\rho_1 - \rho_2}{18\eta}D^2\omega^2 dt \tag{3-21}$$

$$\ln\frac{R}{S} = \frac{\rho_1 - \rho_2}{18\eta}D^2\omega^2 t \tag{3-22}$$

$$D = \left[\frac{18\eta\ln\frac{R}{S}}{(\rho_1 - \rho_2)\omega^2 t}\right]^{\frac{1}{2}} \tag{3-23}$$

粉体中所含颗粒的沉降状态随时间变化，深度 H 根据颗粒浓度随时间 t 而变化，在一定时间 t 内，通过测定深度方向颗粒的浓度，用以上的关系式都可求出物料的粒度分布。

根据沉降原理，应用沉降法测定颗粒粒度的仪器可分为重力沉降和离心沉降两大类。沉降法根据测定或计算方法又可分为增量形和累计形，见表 3-8。

表 3-8　沉降方法

类　型	原　理	测定方法	H	t
增量形	在一定的高度下测定粉体度的变化	移液管法	一定	测定
		光透过法	一定	测定
			测定	一定
		比重天平法	一定	测定
			测定	一定
累计形	测定一定高度以上或以下粉体浓度的变化	天平法	一定	测定
		压力法	一定	测定
		比重计法	一定	测定

测定时间 t 时高度 H 的悬浮液中沉降下来的颗粒量或残留的颗粒量称为累计形；而测定悬浮液中高度 H 的颗粒浓度称为增量形。

用沉降法测定颗粒粒度时，要注意两个问题。一是要防止颗粒之间的相互作用和聚结，保证使所有颗粒都为自由沉降的条件。为此，对于微细粉料的测定，为防止相互聚结而影响测定结果，必须使用分散剂。沉降分析常用的分散剂是六偏磷酸钠、焦磷酸钠等。二是测定时温度要恒定，因为温度变化将影响介质的黏度。

3.1.4.4　透过法

透过法是根据流体通过粉体层时的透过性测定粉体比表面积的一种方法。该方法的基础是在时间 t 内通过截断面积为 A、长度为 L 的粉体层的流量 Q 与压力降 Δp 成正比的达西法则，即

$$\frac{Q}{At} = B \frac{\Delta p}{\eta L} \tag{3-24}$$

式中，η 为流体的黏度系数；B 为与构成粉体层的颗粒大小、形状、充填层空隙率等有关的常数，称为比透过度或透过度。

柯增尼把粉体层当作毛细管的集合体来考虑，用伯萧法则将在黏性流域的透过度导入规定的理论公式。卡曼研究了柯增尼公式，发现关于各种粒状物料充填层的透过性的实验结果与理论很一致，并导出了粉体的比表面积与透过度 B 的关系式：

$$B = \frac{g}{KS_V^2} \cdot \frac{\varepsilon^3}{(1-\varepsilon)^2} \tag{3-25}$$

式中，g 为重力加速度；ε 为粉体层的空隙率；S_V 为单位容积粉体的比表面积，cm^2/cm^3；K 为柯增尼常数，与粉体层中流体通路的"扭曲"有关，一般定为 5。从式（3-24）和式（3-25）可得出：

$$S_V = \rho S_W = \frac{\sqrt{\varepsilon^3}}{1-\varepsilon} \sqrt{\frac{g}{5} \frac{\Delta p A t}{\eta L Q}} \tag{3-26}$$

式中，

$$\varepsilon = 1 - \frac{W}{\rho A L}$$

上式称为柯增尼-卡曼公式，它是透过法的基本公式。式中，S_W 为粉体的比表面积，

$cm^2 \cdot g^{-1}$；ρ 为粉体的密度；W 为粉体试料的质量，g。

由于 η、L、A、ρ、W 是与试料及测定装置有关的常数，所以，只要测定 Q、Δp 以及时间 t 就能求出比表面积 S_W，并由下式求出样品的平均粒径：

$$d_p = \frac{R_s}{\rho S_W} \tag{3-27}$$

式中，R_s 是颗粒的形状系数，球形和立方体颗粒的形状系数取 6。

柯增尼-卡曼公式适用于层流型的流动方式。

透过法比表面积测定装置按流体的种类分为气体透过法和液体透过法。透过法是比较简单的粉体物料的比表面积测定方法。它有迅速、重复性好的特点，因此，被广泛应用。但是，作为测定基础理论的柯增尼-卡曼公式包含着许多假设的因素。在测定中需要特别注意的是，要将物料紧密充填，以使空隙率 ε 达到最小值。当 ε 较小时，测得的比表面积大；当 ε 较大时，测得的比表面积小；当 ε 趋于很小时，其比表面积趋于一定值，而且这一值与其他方法测得的值大致相同。此外，试料层厚度 L 增加时，易造成填充密度不均匀，粉体层的断面积很小，因此要注意容器的影响。

3.1.4.5　吸附法

吸附法是在试样颗粒的表面上，吸附断面积已知的吸附剂分子，依据其单分子层的吸附量，计算出试样的比表面积，再换算成颗粒的平均粒径。

单分子层吸附量的计算多用 BET 吸附等温式：

$$\frac{p}{V(p_0 - p)} = \frac{1}{V_m K} + \frac{K - 1}{V_m K} \cdot \frac{p}{p_0} \tag{3-28}$$

式中，p 为吸附气体的压力；p_0 为吸附气体的饱和蒸气压；V 为吸附量；V_m 为单分子层吸附量；K 为与吸附热有关的常数。

以 $\dfrac{p}{V(p_0 - p)}$ 对 $\dfrac{p}{p_0}$ 作图为一直线，从该直线的斜率和截距可以求得 V_m 值，再由 V_m 值及吸附气体分子的截面积 a，可计算出试样的比表面积 S_W，即

$$S_W = \frac{N_A}{V_0} V_m \tag{3-29}$$

式中，V_0 为标准状态下吸附气体的摩尔体积，22410mL；N_A 为阿伏伽德罗常数，6.023×10^{23}。

由于氮吸附的非选择性，低温氮吸附法通常是测定比表面积的标准方法，这时 $a = 1.62$nm，当测定温度为 -195.8℃时，上式可简化为：

$$S_W = 4.36 V_m \tag{3-30}$$

值得注意的是，吸附法测定颗粒粒度，原则上只适合用于无孔隙及裂缝的颗粒。因为如果颗粒中有孔隙或裂纹，用这种方法测得的比表面积包含了孔隙内或裂缝内的比表面积，这样就比其他的比表面积测定方法（如透过法）测得的比表面积大，由此换算得到的颗粒平均粒径则偏小。

3.1.5　试样采取与处理

在生产过程中要经常对原料、中间产品和生产管理过程中所需的辅助材料进行数量和

质量上的检查，这时不可能将全部物料拿来检验，只能从总体物料按规定中抽取少量在物理和化学等各方面性质能代表所要检验总体物料总体性质的、供分析化验用的样品，这种从大量物料中抽取的出来的少量的、具有代表性以供分析化验用的样品，称为试样，抽取的过程叫采样。

3.1.5.1 试样采取的一般原则

保证样品具有代表性的几个原则：

若被检查的对象是均匀物质（溶液、各种添加药剂和混合均匀的含有颗粒的液体），则从中采取少量试样就具备代表性；如果被检查的对象在不同时间内都比较均匀，则可在较长时间中采取一次样品，也具有代表性。

若被检查的对象是不均匀物质时，采取的试样量过少时很难保证样品具有代表性，这时要根据具体情况在不同地点或不同时间采取多个试样（子样），并将这些子样汇集到一起成为供化验用的试样（总样）。

由于多个子样合到一起的总样质量相对化验所需的试样量多出很多，因此在进行化验前对总样进行缩分减量处理，直减到适合化验用量为止。

3.1.5.2 试样采取

从总体物料中采样的方法和地点很多，如从连续物流中采样，从一批物料中采样，从许多已装满物料的袋中取样，从料堆上和运输车中取样等。

（1）从胶带输送机上取样。从胶带输送机上取样地点主要有两处，一处是在输送机卸料端取样，另一处是在输送机胶带上取样。

在卸料端取样时，取样工具为接料斗，注意防止粗细颗料离淅现象，接料斗接料面积最好为全断面接，如不能全断面接料，使料斗的长断面垂直于皮带轮作横向移动。

在胶带上面取样时，必需将胶带上一小段长度内的物料全部取下，因为胶带边、中间、表层和底部物料大小不同。取样可用机械刮样器或停机手工采出。

（2）从斗式输送机中采样。随机抽取一部分料斗，将斗内物料全部取出。

（3）样袋中取样。在样袋中取样时，可随机或有次序地间隔选择数袋物料，用勺式取样器在每袋中采取。

（4）在车厢或容器内取样。尽量不要在车厢内取样，如一旦需要在车厢内取样时，应先布置取样点，然后用取样勺取样。

（5）从料堆上取样。最好不要在料堆上取样，因为形成料椎时容易形成粗细粒分离现象（对粒度较大物料而言）。如必须在料堆上取料时，需在堆的上中下布置若干测点（下测点不要贴近地面），用勺式取样器取样，有条件的可用气动取样器取样。

3.1.5.3 试样处理

从总体物料中所采取的总样，还不能直接作为化验用的试样，原因在于试样量太多，物料有时会发生团聚现象。因此在测定前要对试样进行掺合、缩分和分散处理。

A 试样掺合和缩分

为了使在总体中的不同地取样点取出的各子样所合并成的总样更具备代表性，要对合并成的总样进行掺合（混合），目的使其更均匀，然后缩分，目的是从掺合好的总样中进一步取出能代表总样性质的适合化验用量的少量用品。掺合是将试样混合均匀的过程。缩分是按规定方法将一部分试样留下，其余部分弃掉以减少试样数量的过程。缩分方法有以下几种。

（1）抓取取样。从预先混匀的物料中多次随意地抓取少量物料，此种方法简单，但误差往往较大。

（2）堆锥四分法。堆锥四分法见图3-6，此种方法兼能完成掺合和缩分操作过程。其主步骤是先把试样物料掺合好并堆成一个圆锥体，然后把圆锥体压成厚度均匀的圆饼形，并均匀分成四份（扇形），取其相对两份留作试样继续缩分或直接作为化验用样，其余两份弃掉。

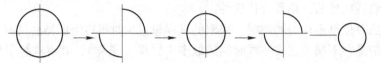

均匀四等份   取对角两份、余弃   再混匀四等份   取对角两份、余弃   至设计采样量

图3-6 堆锥四分法

（3）等分格法。对于性质较均匀的物料，可用等分格法进行缩分试样。

具体操作方法为：将预先掺合好的试样摊成一个等厚的扁长方形，然后划分成20等分（5×4），再将其中一份样品全部取出。

（4）缩分器（二分器）法。叉溜式缩分器是由一列平等交错排列，供料宽度相等的斜槽组成。使用时将物料从顶端均匀地左右摆动撒入，试样从下部两侧均等分出。依操作次数可得到原样的1/2、1/4、1/8、……的分量，直到试样被缩分到所需的数量为止。该方法的优点是缩分精度高，受人为影响因素小。

B　试样分散

颗粒往往会发生多个颗粒结团形成"团粒"的现象。"团粒"是妨碍准确进行粒度分布测量的原因之一，因此在测量前要先将"团粒"分离开来。这种促使"团粒"分离成单体颗粒的过程叫分散。分散一般在悬浮液状态下进行，颗粒在悬浮液中分散有三个阶段：一为润湿过程，即液体润湿颗粒（或团粒）的表面；二为团粒中颗粒分离；三为分散状态的保持。在这三个阶段中，使"团粒"分离是关键。有些时候仅靠分散介质的润湿等作用还不足以使他们很快彻底地分离开来，这样就必须施以外力分散。外力分散效果最好的是超声分散，分散时间一般为3～5min。此外还有搅拌、研磨等。这些分散方法也往往结合起来使用（比如在超声分散过程中高速搅拌），分散效果更好。

3.2　粉体堆积与压缩特性

3.2.1　颗粒堆积理论

所谓颗粒，有宏观和微观之分。从宏观角度来看，它可以指砂、石、土，甚至是大的混凝土试件等；从微观角度而言，它则指的是分子、原子等。同时，颗粒根据本身的不同特征可以有不同的分类形式，例如根据其表观形态而言，可以分为规则形态（球体、立方体等）和不规则形态；根据其堆积方式而言，又可以分为有序堆积、随机堆积（在重力影响下的一种随机堆积方式)。对于宏观颗粒的堆积,一般来说均指在自身重力作用下的一种堆积方式。微观颗粒的堆积影响因素相对较为复杂,因其还需考虑到静电作用和范德华力。

由于颗粒本身形貌及组成的复杂性,因此,颗粒堆积问题,近一个世纪以来一直是数学家、化学家、材料科学家及其他相关行业领域专家持续关注的焦点问题之一。颗粒堆积理论主要是在 20 世纪 30 年代提出,其可分为连续分布的颗粒体和不连续分布的颗粒体。连续分布的颗粒体由某一粒级范围内所有尺寸颗粒组成,而不连续分布颗粒体则由该粒级范围的有限尺寸颗粒所组成。

最初研究不连续尺寸颗粒堆积理论的代表人物有弗纳斯、韦斯特曼和赫吉尔等人,以韦斯特曼和赫吉尔提出的颗粒堆积理论及计算多元颗粒的最大堆积率的方法最为常见,其中表观体积的计算如下所示:

$$V_a = \frac{1}{1 - \varepsilon} = \frac{1}{\omega} \tag{3-31}$$

式中,V_a 为单位实际体积颗粒的表观体积;ε 为单位实际体积空隙所占的空隙率;ω 为单位实际体积颗粒所占的容积率。

韦斯特曼和赫吉尔认为当粗细颗粒两者尺寸的比值达到某一个非常大的值时,可得出以下结论:(1) 当单一容积内粗颗粒所占组成部分接近 1 即 100% 时,粗细颗粒混合料的表观体积主要由粗颗粒决定,而细颗粒填入粗颗粒之间的空隙,可以忽略其所占有的容积;(2) 当单一容积内细颗粒所占组成部分接近 1 即 100% 时,细颗粒形成气孔并环绕粗颗粒堆积,这时混合料的表观体积除包括细颗粒的表观体积之外,还包含粗颗粒的实际体积。

经典连续堆积理论主要倡导者安德烈森认为,用同一粒径颗粒混合物的堆积理论不能准确地计算实际颗粒混合物的堆积率,因此,他将颗粒的实际分布描述为具有同样形式的分布,即"统计类似",并提出了安德烈森方程:

$$Y(D) = 100 \left(\frac{D}{D_{max}}\right)^n \tag{3-32}$$

式中,$Y(D)$ 为小于粒径 D 的累计筛余百分数,%;D 为颗粒粒径;D_{max} 为颗粒体中最大颗粒粒径;n 为模型分布指数。

从方程可以看出其描述了包含无限小的尺寸颗粒,这种情况虽然在实际的颗粒体系中不可能存在,但是安德烈森认为,假如对于颗粒系统中最小颗粒的尺寸是有限小的或者是无限小的尺寸,则通过该方程计算出来的结果与实际值并没有很大的区别。同时,安德烈森通过实验结果得出了另一个结论,即对于颗粒各种分布的气孔率随着该方程中的颗粒分布指数 n 而减少,并认为若使颗粒实际分布的气孔率达到最小值 n 的适宜取值范围为 0.33~0.50。

上述颗粒堆积的经典理论,虽然存在一些不足,但对颗粒堆积模型的系统研究具有深远的理论影响和实用意义。

颗粒堆积模型是以数学方程为基础,用来描述不同大小颗粒之间的几何作用方式;而用模型来计算混凝土混合物的理论堆积密实度,是基于颗粒级配和颗粒群组的堆积密实度,并且几乎所有的颗粒堆积模型的数学方程本构是一致的。

　　早在 20 世纪 30 年代，弗纳斯第一次用数学方程式的方式来描述颗粒堆积模型，并提出了弗纳斯模型。最初的弗纳斯模型是基于球形颗粒堆积理论，大量研究者基于弗纳斯理论和试验研究，对颗粒堆积模型进行不断地改善，且相应地提出了不同的颗粒堆积模型。在这些模型中涉及两种效应：松动效应和附壁效应。

　　松动效应是指在以粗颗粒为主的情况下，细颗粒填充在粗颗粒堆积的空隙之中，并与空隙大小相比足够大，如图 3-7 所示。附壁效应则是指在细颗粒占主导地位的情况下，某些单个粗颗粒处于细颗粒群之中，而环绕粗颗粒接触界面堆积的细颗粒会出现一些空隙量，如图 3-8 所示。这两种效应都随着颗粒粒径比值的增大而逐渐提高，但是这两种效应值的最大值均为 1，即两种颗粒材料粒径相等有完全相互作用的情况（完全相互作用指的是某一尺寸颗粒的排列会受到邻近的另一不同尺寸颗粒的影响）。

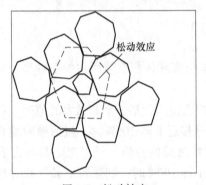

图 3-7　松动效应

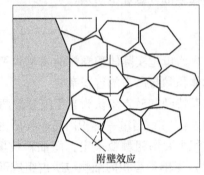

图 3-8　附壁效应

　　1999 年德拉尔德提出了两种模型，线性堆积密实度模型和可压缩堆积模型（compressible packing model，CPM），这两种模型都需测量混凝土混合料的颗粒级配曲线。线性堆积密实度模型是对弗纳斯模型的拓展和改进，主要进行了两方面的改善，既可以预测多元混合料的堆积密实度，并考虑了混合料颗粒之间的几何作用（附壁效应和松动效应）。而可压缩堆积模型是基于线性堆积密实度模型和固体悬浮模型（solid suspension model，SSM）发展而成，它不仅考虑了混合料中不同尺寸相接触颗粒间的相互作用，而且也涵盖了混合料不同堆积形式对颗粒体系堆积密实度的影响，甚至德拉尔德通过大量的实验对颗粒压实指数 K 进行了校正，并给出了压实指数 K 在不同堆积形式下的取值。因此，利用 CPM 模型来预测任意分布及任意量的骨料颗粒混合而成的颗粒体系堆积密实度具有较高的准确度，并得到大多研究者的认可而被广泛应用。

3.2.2　填充程度评价指标

　　颗粒空隙空间的几何形状，在不同程度上影响它的全部填充特性，而空隙又取决于填充类型、颗粒形状和粒度分布。确定这些填充特性的确有很大的实际意义。通常，填充程度的评价指标有堆积密度（松装密度和振实密度）、填充率、孔隙率等，这些参数之间存在内在联系。

　　堆积密度（容积密度）是指颗粒群体在自由松散或有一定压力状态下单位充填体积的质量。

$$\rho_B = 填充粉体质量 / 粉体填充体积 = m/V_B \qquad (3-33)$$

式中，m 为填充粉体的质量；V_B 为填充粉体的体积。

粉体颗粒的堆积密度不仅取决于颗粒形状、颗粒尺寸与分布，还取决于粉体的堆积方式，因此，依堆积方式不同，堆积密度又分为松动堆积密度和紧密堆积密度。

松装密度是指粉体在堆积过程中，只受重力作用（无任何外力作用）下颗粒形成的自然堆积，此时填充体的表观密度称为松装密度。

振实密度是粉体在堆积过程中受到外力（如振动力、压力）而发生强制性的颗粒重排，排出了填充体中的空气，此时填充体的表观密度称为振实密度。显然，振实密度大于松装密度，两个密度差异的大小与外加作用力有关。

由粉体堆积密度的定义可知自然或紧密堆积的粉体的填充体积由矿物的实际体积孔隙体积组成，为了衡量充填体积中实际体积和孔隙的多少，常用填充率和孔隙率来表征。

填充率指在一定充填状态下，颗粒实际体积占粉体所填充体积的比率。

如果令实际体积为 V_p，堆积体积为 V_B，则：

$$\psi = 颗粒实际体积/粉体填充体积 = \frac{V_p}{V_B} = \frac{m/\rho_p}{m/\rho_B} = \frac{\rho_B}{\rho_p} \qquad (3-34)$$

孔隙率指粉体中所含空隙体积占粉体所填充体积的比率。

如果令空隙体积为 V_v，堆积体积为 V_B，则：

$$\varepsilon = \frac{V_v}{V_B} = \frac{V_B - V_p}{V_B} = 1 - \frac{V_p}{V_B} = 1 - \frac{\rho_B}{\rho_p} \qquad (3-35)$$

3.2.3 颗粒（粉体）安息角

安息角（自然坡度角）是反映粉体流动性的一个重要指标。粉体与流体流动行为的主要差别在于：当粉体从容器中流到一平面上时，与流体不同，流下的粉体是堆积在平面上，且堆积的尺寸随粉体的流下而增加，同时堆与平面的夹角（堆积角）也不断增加，当增加到一定角度 α 时，不再继续增加，则称这个角度为安息角。安息角越小，说明粉体的流动性越好。安息角的测量方法如图 3-9 所示。

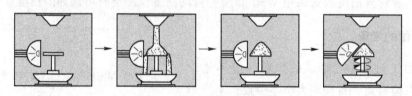

图 3-9 安息角的测量方法

球形颗粒较小（23°~28°），较规则颗粒约 30°，不规则颗粒约 35°，极不规则颗约 35°。对细颗粒粉体，具有较强的可压缩性和团聚性，这时安息角与其形成的过程有很大关系，从容器中流出的速度、容器提升速度和转筒的旋转等因素，均会影响安息角的形成，因此安息角不算作细颗粒体的基本物性。

3.2.4 粉体的白度

一些白色和近白色的非金属矿产品如陶瓷、涂料、白水泥、滑石、高岭土、硅灰石、石膏、重质和轻质碳酸钙等材料在应用时有对其白度要求，因此有时需对粉体的白度进行测量。

白度是表征物体白的程度（GB/T 17749—1999），用 W 或 W_{10} 表示。

当光谱反射比均为 1 的理想完全反射漫射体的白度为 100，光谱反射比均为零的绝对黑体白度为零时，采用标准规定的条件，测出试样的三刺激值，再用所规定的公式计算出白度。匹配某一颜色所需要的三个原色刺激量，用 X、Y、Z 表示。白度计算公式简介如下。

设在 10℃视场 d65 光源照射下，X、Y、Z 为直接测得试样的三刺激值，则常用的几个计算白度的公式如下。

（1）CIE86 白度，也称甘茨白度，国际白度委员会 1986 公布，公式为：

$$W_g = Y + 800 \times (0.3138 - x) + 1700 \times (0.3310 - y) \tag{3-36}$$

（2）R457 白度，是一个简易白度表示方法，我国以前在纸张和塑料等行业曾采用过（457 表示峰值波长）：

$$W_r = 0.925 \times Z + 1.6 \tag{3-37}$$

（3）我国《建筑材料与非金属矿产品白度测量方法》（GB/T 5950—1996）采用 GB5950 白度：

$$W_j = Y + 400x - 1000y + 205.5 \tag{3-38}$$

（4）亨特白度：

$$W_h = 100 - \sqrt{(100 - L)^2 + a^2 + b^2} \tag{3-39}$$

式中，L、a、b 为亨特实验室测色系统参量。

（5）斯坦斯比白度：

$$W_s = L - 3b + 3a \tag{3-40}$$

（6）斯蒂芬森白度：

$$W_p = 2.0817Z - 1.3011X \tag{3-41}$$

以上六种计算白度公式系用 WSD-Ⅲ 型全自动白度仪测量时可选择的白度计算公式。

3.2.5　粉体的堆积

粉体加工过程中，形成的颗粒一般不是球形，而是有棱有角，且颗粒大小不一致，不能形成规则堆积或者是完全随机堆积，因此，了解实际颗粒的堆积特征是很有意义的。

粉体的总堆积程度有以下规律：当仅有重力作用时，容器中实际颗粒的松装密度会随容器直径的减小及颗粒层的高度增加而减小；实际颗粒形成的填充体，其孔隙率与颗粒的球形度紧密相关，颗粒球形度降低，则其孔隙率增加，如图 3-10 所示。松散堆积时，有棱角的颗粒形成

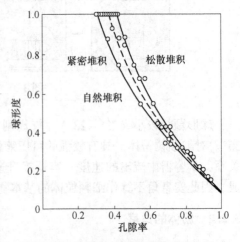

图 3-10　孔隙率与颗粒球形度的关系

的填充体的孔隙率较大，若颗粒形状越接近于球形，则其孔隙率减小。

实际颗粒与理想颗粒的表面性质不同，实际颗粒（特别是小颗粒）有一定的吸湿性，也会带有表面电荷。因此，对于实际颗粒来说，颗粒越小，堆积过程中颗粒间的黏聚作用越强，其孔隙率会变大，此现象与理想状态下颗粒尺寸和孔隙率无关的说法矛盾，所以潮湿粉体的表观体积会随含水量的增加而变大。

在二组元的颗粒体系中，大颗粒间的间隙由小颗粒填充，以得到最紧密的堆积，混合物的单位体积内颗粒的质量分别写成下列两式：

$$m_1 = 1 \cdot (1 - \varepsilon_1) \cdot \rho_{p1} \tag{3-42}$$

$$m_2 = 1 \cdot \varepsilon_1 (1 - \varepsilon_2) \cdot \rho_{p2} \tag{3-43}$$

式中，ε_1、ε_2、ρ_{p1}、ρ_{p2}分别为大颗粒和小颗粒的空隙率和密度。

设大颗粒所占质量分数用f_1来表示，则：

$$f_1 = \frac{m_1}{m_1 + m_2} = \frac{(1 - \varepsilon_1)\rho_{p1}}{(1 - \varepsilon_1)\rho_{p1} + \varepsilon_1(1 - \varepsilon_2)\rho_{p2}} \tag{3-44}$$

对于同一种固体物料，由于单一组分的空隙率相同，因此大颗粒的体积分数为：

$$f_1 = \frac{1}{1 + \varepsilon} \tag{3-45}$$

式中，小颗粒完全被包含在大颗粒的母体中，此时尺寸比小于0.2。图3-11所示为被破碎的同种物质粉末的固体二组元系中，当单一组分空隙率为0.5时，空隙率与尺寸组成之间的关系。空隙率最小时粗颗粒的质量分数为0.67。由图3-11可知，空隙率随大小颗粒混合比而变化，小颗粒粒度越小，空隙率越小。

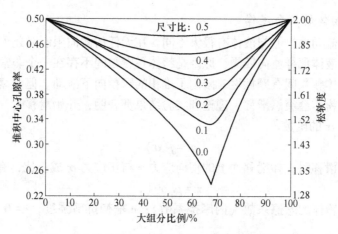

图3-11　单一组分孔隙率为0.5时二组元颗粒的堆积特性

3.2.6　粉体的压缩特性

粉体在压制成型过程中，按压力施加方法可分为静压缩和冲击压缩，其中静压缩又可分为单向单面压缩和双向双面压缩。

粉体层在压缩过程中，当压力为p时，空隙率可用下式表示：

$$\varepsilon = \frac{V_0 - V_m}{V} = \frac{V_0 - V_m}{V_0}\exp(-bp) \tag{3-46}$$

式中，V_0 为未加压前粉体层的初始体积；V_m 为粉体层在孔隙率为零时的体积；V 为压力为 p 时粉体层的体积；b 为常数。

　　压缩度，也称体积压缩度，是指粉体层在压缩过程中，压力达到一定程度时的体积变化与压缩至孔隙率为零时的体积变化之比，用 r_v 表示，具体如下：

$$r_v = \frac{V_0 - V}{V_0 - V_m} \times 100\% \tag{3-47}$$

　　粉体在一定容积的容器或模具内受压缩时，颗粒之间发生由松散到紧密的渐变过程，压力由小到大的压缩过程可分为大孔填充阶段和小孔填充阶段。在压缩的第一阶段，主要是通过颗粒重排使之相互紧密地堆积，该过程使粉体层中颗粒搭接架桥形成的大空隙发生崩溃，其空间由固体颗粒取而代之，第一阶段后粉体层的分体表现密度相当于振实密度。在压缩的第二阶段，更大的压力使颗粒局部尖角及凸出部位发生一定程度的破碎，并使微细颗粒发生不可逆性的强制渗透流动，从而有效地填充在较小空隙内，实现粉体层的进一步密实。

　　静压法是压制成型的主要方法之一。制品的性能取决于压制半成品的结构、密度和均质性，而这些特性又受塑压粉工艺性能的制约。影响压模结构、尺寸和压件质量的最主要的塑压粉性能包括工艺黏合剂含量、堆积密度、松散度、松散性、粒度组成、压缩系数、静止角等。

3.2.7　粉体的摩擦性

3.2.7.1　粉体的库仑定律

　　粉体虽然有流动性，但与液体有很大不同，在无任何侧向限制时还可以堆积成一定角度的堆，而不向液体那样流向四周，原因是粉体各颗粒间不存在一个非常重要的特性——摩擦性。正是粉体颗粒间有摩擦性，限制了堆积的颗粒向下滑动。但继续堆积时，重力加大到一定程度，粉体会突然滑移，理论和实验结果都表明，开始滑移时，滑移面上的切向应力 τ 是正应力 σ 的函数。

$$\tau = f(\sigma) \tag{3-48}$$

　　当粉体开始滑移时，如滑移面上的切向应力 τ 与正应力 σ 成正比，有：

$$\tau = \mu_c\sigma + c \tag{3-49}$$

　　式中，μ_c 为粉体的摩擦系数（内摩擦系数）；c 是初抗剪强度，$c = 0$ 时，称简单库仑粉体。

　　满足这个条件的粉体为库仑粉体，公式被称为库仑粉体定律。

　　库仑定律是粉体流动（临界流动）的充要条件。库仑定律表述为：

　　当粉体中任一平面内的剪应力 $\tau < \mu_c\sigma + c$ 时，粉体处于静止状态；满足 $\tau = \mu_c\sigma + c$ 时，粉体沿该平面滑移；$\tau > \mu_c\sigma + c$ 时，滑移不发生。

3.2.7.2　粉体的内摩擦角

　　对简单的库仑粉体，库仑定律为：$\tau = \mu_c\sigma$，该式两边同时乘以滑移面的面积得到力形式的库仑定律为：

$$F = \mu_c N \tag{3-50}$$

这一关系式等同于物体在平面上的摩擦定律，当将物体放在与平面成 φ 角的斜面上时，物体重力 N 分解成与斜面垂直的 F_N 和与斜面平行的 F_t 两个分力，则：

$$F_N = N\cos\varphi \tag{3-51}$$

$$F_t = N\sin\varphi \tag{3-52}$$

当斜面的角度不足以使物体下滑或处于临界状态时，沿斜面的分力 F_t 与正应力 F_N 所引起的摩擦力相等：$F_t = F = \mu_c F_N = \mu_c N\cos\varphi$ ，而 $F_t = N\sin\varphi$ ，则：

$$N\sin\varphi = \mu_c N\cos\varphi \tag{3-53}$$

$$\mu_c = \frac{N\sin\varphi}{N\cos\varphi} = \tan\varphi \tag{3-54}$$

式中，μ_c 为库仑摩擦系数；φ 为粉体的内摩角。

粉体内摩擦角的测定装置由上下两个盛粉体的圆盒组成。下盒放在有滚珠的导轨上，并可通过匀速电机或手动施加水平方向的力，上盒与测力装置相连，并有一上盖对两盒同时加垂直应力。

3.2.8 粉体的强度特性

材料的强度是指对外力的抵抗能力，通常指材料破坏时单位面积上所受的力。按受力的方式不同，强度可分为压缩强度、拉伸强度、弯曲强度和剪切强度等，按材料内部均匀性和是否有缺陷又分为理论强度和实际强度。

3.2.8.1 理论强度

不含任何缺陷的完全均质材料的强度称为理论强度。它相当于原子、离子或分子间的结合力。由离散子间的库仑引力形成的离子键和由原子间互作用力形成的共价键结合力最大，为最强的键。一般来说，原子或分子间的作用力随间距而变化，并在一定距离后保持平衡，而理论强度即是这一平衡所需的能量，可通过能量计算求得：

$$\sigma_{th} = \left(\frac{\gamma E}{a}\right)^{1/2} \tag{3-55}$$

式中，γ 为表面能；E 为弹性模量；a 为晶格常数。

材料的理论强度计算值是相当大的。

3.2.8.2 实际强度

当完全均质的材料所受应力达到其理论强度时，所有原子和分子间的结合将同时发生破坏，则整个材料将分散为原子或分子单元（特细的均匀破碎）。然而，世上没有一种绝对均质的宏观材料，所以材料的破坏往往都分裂成大小不一的块状，说明各质点间结合的牢固程度并不相同，即存在着某些相对薄弱的局部，使得在材料受力未达到理论强度之前，这些薄弱部位就已达到极限强度，因此，材料实际（实测）强度远远低于其理论强度。

实际上，每种材料的实际强度与其自身的组成、均质程度有关，材料的实际强度是通过对材料进行实际测定得到的，但材料的实测强度大小还与测定的条件有关（尺寸大小、加载速度、测定时介质环境等）。

3.2.8.3　硬度

硬度也是反映材料抵抗外力对其破坏的一个重要指标。其具体定义应为：材料抵抗其他物体对其作用而产生的局部破坏或变形的能力，也可以理解为在固体表面产生局部破坏或变形所需的能量，这一能量与材料的内部化学键强度及配位数有关。

3.2.8.4　材料的脆性和韧性

脆性是一种与韧性相反的性质，从变形方面看，脆性材料受力破坏时，直到断裂前也只是出现极小的变形，所以强度极限不会超过弹性极限。从强度上看，脆性材料运动载荷或冲击能力差，也就是说其抗拉伸能力远不及抗压缩能力，所以破碎脆性高的材料选用冲击类粉碎机械。

材料的韧性是指在外力作用下，塑性变形过程中吸收能量的能力（外力撤掉后释放能力）。吸收能量越大，韧性越好。韧性是介于柔性和脆性之间的一种材料能。

与脆性材料恰好相反，韧性材料的抗拉伸和抗冲击的性较好，但抗压缩性较差。因此复合材料工程中，让脆性材料与韧性材料有机地复合，可使两者间优势互补，从而得到一种综合性能非常好的材料，是任何一种单独存在时所不能具备的。

3.2.8.5　易磨（碎）性

易磨性是指在一定的粉碎条件下将物料粉碎至某一粒度所需要的功耗，即单位质量的物料从一定粒度粉碎至某一指定粒度所需的能量。

仅用强度和硬度不足以精确地表示材料粉碎的难易程度，因粉碎过程除取决于材料的物理性质外，还与物料粒度、粉碎方式（设备、工艺）等诸多因素有关，因此需用易磨性来表示材料粉碎的难易程度。

3.3　表　面　性　质

3.3.1　表面能

物质内部的原子因为有周围原子的吸引或排斥，总是保持在平衡状态，但是表面原子却处于只由内部原子向内的吸引的状态，这意味着表面原子与内部原子相比处于较高的能量状态。这一额外的能量只是在表相区内原子（或质点）才有，所以称为表面能，热力学中又称表面自由能。

物料经粉碎后产生了新的表面，部分机械能转化为新生表面的表面能。粉体的表面能与其结构、原子之间的键合类型和结合力、表面原子数以及表面官能团等有关。粉体的应用性能、表面改性剂和粉体表面的作用过程都与其表面能有很大的关系。一般来说，粉体的表面能越高，越倾向于团聚，吸附作用也就越强。

表面能是固体表面特征和表面现象形成的主要推动力，是描述和决定固体表面性质的重要物理量。通常状态下，固体的非流动性使固体表面比液体表面要复杂。

固体表面具有粗糙性。对于液体而言，液体分子可自动弥补外界因素产生的表面形变，因而在静止状态下，液体表面是光滑均匀的。对于固体而言，其分子几乎是不可动的，固体表面难以自动产生形变，一般状态下保持其表面形成时的形态，呈现出表面凹凸不平。即使经过表面抛光处理的看似平滑的固体表面，经放大后观察，仍是凹凸不平的。

固体表面具有不完整性。根据组成固体的质点（原子、离子或者分子）排列的有序程度，固体可分为晶体和非晶体。非晶体中质点是杂乱无章的，其表面可能存在点缺陷，因此通常非晶体表面是不完整的。对于晶体，它是由少数质点组成的重复单元（晶胞）组成的。对于理想的晶体，在温度一定时，晶胞大小和组成是相同的，因而其表面应该是完整的。但实验证明，几乎所有晶体及其表面都存在点缺陷、非化学比及错位，导致其表面不完整。

固体表面具有不均匀性。固体的不均匀性是其粗糙性和不完整性的必然结果。假设将固体表面看成一个平面，固体表面对吸附分子的作用能不仅与其表面的垂直距离有关，而且常随其水平位置不同而变化，即在距离相同的表面对吸附分子的作用能不同。此外，固体表面层的组成和结构与体相存在很大差别。

3.3.2 表面润湿性

润湿是一种流体从固体表面置换另一种流体的过程。最常见的润湿现象是一种液体从固体表面置换空气，如水在玻璃表面置换空气而展开。

矿物颗粒表面的润湿是由水分子结构的偶极性及矿物晶格构造不同引起的，润湿性即矿物被水润湿的程度。易被水润湿的矿物称为亲水性矿物，不易被水润湿的矿物称为疏水性矿物。矿物的润湿性决定着矿粒与气泡发生碰撞接触时，是否能附着于气泡，也即润湿性决定了矿粒的天然可浮性。表面润湿性强的矿物（亲水性矿物），天然可浮性差；反之天然可浮性好。

矿物表面的润湿性即亲水或疏水程度通常用接触角来衡量。其物理意义如图 3-12 所示，当气泡附着于矿粒表面（或水滴附着于矿粒表面）时，在液体所接触的固体（矿粒）表面与气相（气泡、空气）的分界点处（三相分界点），沿液相或气相表面作切线，切线在液相一方与固体表面夹角称为接触角。浮选中通常是指三相接触达到平衡状态时的接触角。其形成过程遵守热力学第三定律，当三相接触达平衡时，可以用三相界面间表面张力或表面自由能来表示。

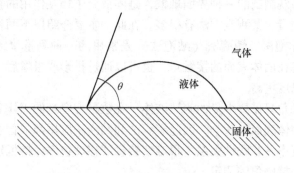

图 3-12　固体表面的润湿接触角

各种表面张力的作用关系可用杨氏方程表示为：

$$\gamma_{S+} = \gamma_{SL} + \gamma_L + \cos\theta \tag{3-56}$$

式中，γ_{S+} 为固体、气体之间的表面张力；γ_{SL} 为固体、液体之间的表面张力；γ_{L+} 为液体、气体之间的表面张力；θ 为液固之间的润湿接触角。

接触角是在光滑、化学均质、刚性、各向同性且无化学反应的固体表面的理想值，是唯一的。但在实际的固体表面，通常测量得到接触角的值并不是唯一的，而是在一个范围内，这种现象就是接触角滞后性的表现。

在测定接触角时，如果测量的是液体在"干"的固体表面前进时的接触角，即固液气三相接触线向前推移时的接触角，称为前进接触角（简称前进角）；如果测量的是液体在"湿"的固体表面后退时的接触角，即固液气三相接触线收缩时的接触角，称为后退接触角（简称后退角）。

对于固体表面而言，存在前进角与后退角不相等的情况称为接触角滞后。通常情况下，前进角大于后退角，接触角测定值的范围也是以这两个值为限。

导致实际表面接触角滞后的原因很多，可归纳为以下几种。

（1）不平衡状态。接触角的测定应该是在液体、气体及固体体系达到热力学平衡状态下进行的。但事实上，有些原因会导致体系达不到所需的平衡状态。如高黏度液体在固体表面上就无法达到平衡状态，还有液体在大分子尺寸上的表面移动受阻。但在一般情况下，研究学者们不考虑这一因素，都假定测量接触角时处于一个平衡状态。

（2）固体表面粗糙性。前面陈述过，由于固体分子的不可动性，使固体表面难以自动产生形变，一般状态下保持其表面形成时的形态，呈现出表面凹凸不平。因此，一般固体表面都会具备不同程度的粗糙性，通常我们用粗糙度 r（又称粗糙因子）来度量粗糙程度。r 定义的是固体真实表面积 A 与相同体积固体假想的平滑表面积 A_r 之比。因此，r 总是大于等于的 1，r 越大，固体表面越粗糙。

（3）固体表面的不均匀性。固体表面被污染或者多晶性的固体都会形成不均匀表面。通常，表面被污染后都会产生滞后现象。例如，水能在清洁的某种玻璃片上铺展，但其无法在被污染后的玻璃片上铺展，这种污染有时是由于气相中极少量物质在固体表面吸附造成的。

当固体表面被污染后，会导致前进角和后退角不相等，因此，污染也是造成接触角滞后的重要原因。

接触角是最容易观测到的一种界面现象，是固液分子相互作用的直接表现。由于接触角比较直观，容易测量，其测定方法有很多。在此，主要介绍以下两种。

（1）躺滴法或贴泡法。躺滴法（贴泡法）是常用的一种测量接触角的方法。一般可直接测定液滴或气泡在固体表面的接触角，也可以通过投影或摄像后，再在照片上进行测量，后者的测量精确度更高。

躺滴法测定接触角只需要少量的测试液体，在数平方厘米的固体表面即可完成，而贴泡法可以减少被测固体表面被污染，因此躺滴法和贴泡法应用都很普遍。但由于接触线移动速率与液滴滴加速率并非线性关系，很难使接触线移动速率保持恒定，因此，躺滴法和贴泡法都不适于动态接触角的测定。

（2）斜板法。亚当和杰索普提出的斜板法是一种能精确测定接触角的方法。将待测固体平板插入液体中，通过改变插入的角度，直到液面完全平坦地达到固体的表面，此时三相界面处，平板与液面之间的夹角即为接触角。斜板法测量精度高，但需要的液体量大，且要保证固体平板表面平整。

3.3.3 表面吸附特性

当气相或液相中的分子（或原子）碰撞在粉体表面时，它们之间的相互作用使一些分子（原子、离子）停留在粉体表面，造成这些分子（或原子、离子）在粉体表面上的浓度比在气相或液相中的浓度大，这种现象称为吸附。

粉体对液体或气体的吸附，按其作用力的性质不同可分为物理吸附和化学吸附两种类型。两者本质的区别是吸附剂与吸附质之间有无电子转移。同一物质，可能在低温下进行物理吸附而在高温下进行化学吸附，或者两者同时进行。吸附作用的大小跟吸附剂的性质和表面的大小、吸附质的性质和浓度的大小、温度的高低等密切相关。例如，活性炭的表面积很大，吸附作用强；活性炭易吸附沸点高的气体，难吸附沸点低的气体。

物理吸附是被吸附的流体分子与固体表面分子间的作用力为分子间吸引力，即所谓的范德华力。因此，物理吸附又称范德华吸附，它是一种可逆过程。当固体表面分子与气体或液体分子间的引力大于气体或液体内部分子间的引力时，气体或液体的分子就被吸附在固体表面上。

从分子运动观点来看，这些吸附在固体表面的分子由于分子运动，也会从固体表面脱离而进入气体（或液体）中去，其本身不发生任何化学变化。随着温度的升高，气体（或液体）分子的动能增加，分子就不易滞留在固体表面上，而越来越多地逸入气体（或液体）中去，即所谓"脱附"。这种吸附—脱附的可逆现象在物理吸附中均存在。工业上就利用这种现象，借改变操作条件，使吸附的物质脱附，达到使吸附剂再生，回收被吸附物质而达到分离的目的。

物理吸附有以下特点：

（1）气体的物理吸附类似于气体的液化和蒸气的凝结，故物理吸附热较小，与相应气体的液化热相近；

（2）气体或蒸气的沸点越高或饱和蒸气压越低，它们越容易液化或凝结，物理吸附量就越大；

（3）物理吸附一般不需要活化能，故吸附和脱附速率都较快；任何气体在任何固体上只要温度适宜都可以发生物理吸附，没有选择性；

（4）物理吸附可以是单分子层吸附，也可以是多分子层吸附；

（5）被吸附分子的结构变化不大，不形成新的化学键，故红外、紫外光谱图上无新的吸收峰出现，但可有位移；

（6）物理吸附是可逆的；

（7）固体自溶液中的吸附多数是物理吸附。

物理吸附理论中的气体吸附理论，主要有朗缪尔单分子层吸附理论、波拉尼吸附势能理论、BET多层吸附理论、二维吸附膜理论和极化理论等，以前三种理论应用最广。这些吸附理论都是从不同的物理模型出发，综合考查大量的实验结果，经过一定的数学处理，对某种（或几种）类型的吸附等温线的限定部分做出解释，并给出描述吸附等温线的方程式。

物理吸附在化学工业、石油加工工业、农业、医药工业、环境保护等部门和领域都有广泛的应用，最常用的是从气体和液体介质中回收有用物质或去除杂质，如气体的分离、气体或液体的干燥、油的脱色等。

物理吸附在多相催化中有特殊的意义，它不仅是多相催化反应的先决条件，而且利用物理吸附原理可以测定催化剂的表面积和孔结构，而这些宏观性质对于制备优良催化剂，比较催化活性，改进反应物和产物的扩散条件，选择催化剂的载体以及催化剂的再生等方面都有重要作用。

化学吸附是固体表面与被吸附物间的化学键力起作用的结果。这类型的吸附需要一定的活化能，故又称"活化吸附"。这种化学键亲和力的大小差别很大，但它大大超过物理吸附的范德华力。吸附质分子与固体表面原子（或分子）发生电子的转移、交换或共有，形成吸附化学键的吸附。由于固体表面存在不均匀力场，表面上的原子往往还有剩余的成键能力，当气体分子碰撞到固体表面上时便与表面原子间发生电子的交换、转移或共有，形成吸附化学键的吸附作用。化学吸附往往是不可逆的，而且脱附后脱附的物质常发生了化学变化不再是原有的性状，故其过程是不可逆的。化学吸附的速率大多进行得较慢，吸附平衡也需要相当长时间才能达到，升高温度可以大大地提高吸附速率。对于这类吸附的脱附也不易进行，常需要很高的温度才能把被吸附的分子逐出去。

与物理吸附相比，化学吸附主要有以下特点：

（1）吸附所涉及的力与化学键力相当，比范德华力强得多；

（2）吸附热近似等于反应热；

（3）吸附是单分子层的，因此可用朗缪尔等温式描述，有时也可用弗罗因德利希公式描述；

（4）有选择性；

（5）对温度和压力具有不可逆性。

另外，化学吸附还常常需要活化能。确定一种吸附是否是化学吸附，主要根据吸附热和不可逆性。

化学吸附机理可分以下三种情况：

（1）气体分子失去电子成为正离子，固体得到电子，结果是正离子被吸附在带负电的固体表面上；

（2）固体失去电子而气体分子得到电子，结果是负离子被吸附在带正电的固体表面上；

（3）气体与固体共有电子成共价键或配位键，例如，气体在金属表面上的吸附就往往是由于气体分子的电子与金属原子的 d 电子形成共价键，或气体分子提供一对电子与金属原子成配位键而吸附。

化学吸附与固体表面结构有关。表面结构化学吸附的研究中有许多新方法和新技术，例如场发射显微镜、场离子显微镜、低能电子衍射、红外光谱、核磁共振、电子能谱化学分析、同位素交换法等。其中，场发射显微镜和场离子显微镜能直接观察不同晶面上的吸附以及表面上个别原子的位置，故为各种表面的晶格缺陷、吸附性质及机理的研究提供了最直接的证据。

3.3.4 表面电性

3.3.4.1 颗粒表面电性

粉体表面的电性是由粉体表面的荷电离子，如 H^+、OH^- 等决定的。粉体物料在溶液中的电性还与溶液的 pH 值及溶液中的离子类型有关。粉体表面的荷电性影响颗粒之间、颗粒与无机离子、表面活性剂离子及其他化学物质之间的作用力，因此影响颗粒之间的凝（团）聚和分散特性以及表面改性剂在颗粒表面的吸附作用。

若在水介质中颗粒表面带有某一种电荷（如负电荷），其表面就会吸附相反符号的电荷（即正电荷），构成双电层。图 3-13 为双电层结构模型示意图。内层 A 是粉体颗粒表面，即定位离子层；紧贴粉体颗粒表面的是紧密层 B（Stern 层），将内层 A 和扩散层 D（Gouy 层）分开，该层厚度用水化离子半径 δ 表示。A 是内层，B 和 D 是双电层外层。其中 B 面由于表面及阳离子的水化壳层仍然保留，阳离子与固相表面距离大约为两个水偶极分子长度加阳离子的离子半径。颗粒运动时总是从固定层稍稍靠外侧的地方与扩散层断开，带着固定层移动，这个断裂面为滑动面 C，此滑动界面上的电位与溶液内部的电位差称为动电电位 ξ，这就是我们通常所测的颗粒表面的（动电）电位。由图 3-13 可见，固相表面热力学电位为 φ_0，B 层电位为 φ_δ：ξ 电位不是粒子的界面电位，只是吸附层外侧的电位，ξ 电位与 φ_δ 很接近，可视为相等，热力学电位 φ_0 总是比 ξ 电位高。吸附层越厚，ξ 电位越低。假如颗粒表面上的负电荷数和固定层吸附的正电荷数相等，ξ 电位就变成了零，这时对应的溶液的 pH 值称为等电点。它是粉体的重要性能之一，当溶液的 pH 值大于等电点时，粉体表面荷负电，小于等电点时荷正电。

图 3-14 为黏土颗粒带电状态随 pH 值的变化。双电层外层与内层定位离子符号相反，称为配衡离子，起电性平衡作用。

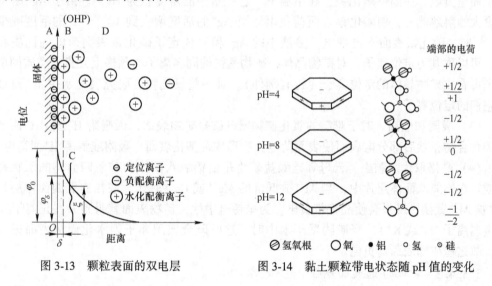

图 3-13　颗粒表面的双电层　　　　图 3-14　黏土颗粒带电状态随 pH 值的变化

3.3.4.2 矿物表面电性

矿物在水溶液中受水偶极及溶质的作用，表面会带一种电荷。矿物表面电荷的存在影响溶液中离子的分布：带相反电荷的离子会被吸引到表面附近，带相同电荷的离子则被排斥而远离表面，于是矿物-水溶液界面产生电位差，但整个体系是电中性的。这种在界面两边分布的异号电荷的两层体系称为双电层。矿物表面的电性起源归纳起来主要有以下四种类型。

（1）优先解离或溶解。离子型矿物在水中由于表面正、负离子的表面结合能及受水偶极的作用力不同而产生的向水中非等当量转移的现象，使矿物表面荷电。组成矿物的正负离子在介质中的溶解能力不同，若正离子溶解能力大于负离子，则固体表面荷负电；反之固体表面荷正电。正负离子的溶解能力差别越大，固体表面荷电越多。

部分矿物和水作用后在两相界面上生成新的物质，界面电性与生成的新产物密切相关。例如，石英在水中破裂后，界面和水作用生成类似硅酸的产物 $[H_2SiO_3]$，在水中解离为 H^+ 和 $HSiO_3^-$ 或 SiO_3^{2-}。其中，矿溶解在水中，其他成分留在矿物晶格上，使矿物表面荷负电。石英表面 H_2SiO_3 的解离程度与溶液的 pH 值有关，改变溶液的 pH 值就能影响石英表面 H_2SiO_3 的解离情况，从而影响石英表面的荷电符号与数量。据对纯石英在蒸馏水中的测定表明，当 pH 值大于 2～3.7 时，石英表面荷负电；当值小于 2～3.7 时，石英表面荷正电。

（2）优先吸附。矿物表面对电解质阴、阳离子不等量吸附而获得电荷。矿物表面和水对不同离子的亲和力是不同的，因而导致矿物表面对电解质溶液中正、负离子的不等量吸附，如某种离子的吸附多于其他的离子，可使矿物表面带某种电荷。溶液中正负离子的数量对矿物表面吸附的影响极大，过量的离子容易吸附到矿物表面，结果改变矿物表面的电性。矿物表面本身的电性对吸附也有一定影响。

由于正、负离子的半径不同，通常阳离子半径较小，水化作用较强，阴离子半径较大，水化作用较弱，因此，阳离子留在水介质中的趋势更大，导致固体表面常有过量的阴离子而呈负电。如固体碘化银，在室温下，它在水中的溶度积为 10^{-16}。由于 Ag^+ 比 I^- 具有更大的溶解能力，使碘化银表面荷负电。当 Ag^+ 的活度增大到 10^{-55}、I^- 的活度减少到 $10^{-10.5}$ 时，碘化银表面不再带电。溶液中的 Ag^+ 和 I^- 决定了碘化银表面荷电的性质和数量，可以称其为定位离子。对矿物晶体，矿物晶格的同名离子与晶格上元素呈类质同象的离子可看成矿物晶体的定位离子（也有例外）。对一些氧化物，研究表明水中 H^+ 和 OH^- 是它们的定位离子。

（3）吸附和电离。对于难溶的氧化矿物或硅酸盐矿物表面，因吸附 H^+ 或 OH^- 而形成酸类化合物，然后部分电离而使表面荷电，或形成羟基化表面，吸附或解离 H^+ 而荷电。

（4）晶格取代。黏土、云母等硅酸盐矿物是由铝氧八面体和硅氧四面体的层状晶格构成。在铝氧八面体层片中，当 Al^{3+} 被低价的 Mg^{2+} 或 Ca^{2+} 取代，或在硅氧四面体层片中 Si^{4+} 被 Al^{3+} 置换，结果会使晶格带负电。为维持电中性，矿物表面就吸附某些正离子（如碱金属离子 Na^+ 或 K^+）。当矿物置于水中时，这些碱金属阳离子因水化而从表面进入溶液，故这些矿物表面荷负电。

3.3.4.3 矿物浮选表面电性

浮选过程中，不同矿物颗粒表面性质的调节是通过浮选药剂的吸附来实现的，而浮选药剂的吸附常受矿物表面电性的影响。因此，研究和调节矿物表面电性的变化是研究药剂作用机理、判断矿物可浮性、实现不同矿物分离的重要方法。矿物表面双电层在很多方面影响矿物的分选效果，尤其是电动电位的影响。双电层和电动电位对浮选的影响主要表现在以下几个方面。

A 影响不同极性（电性）的药剂在矿物表面的吸附

当药剂与矿物表面的吸附主要靠静电力为主的物理吸附时，矿物的表面电性更起决定作用。如果药剂的电性与矿物表面电性相反，且表面电荷的数量越多，则药剂在矿物表面吸附的数量越多。

针铁矿的零电点 $pH=6.7$，当 $pH<6.7$ 时，矿物表面荷正电，采用阴离子型（负电性）捕收剂十二烷基硫酸钠时药剂大量吸附，浮选效果很好，而采用阳离子型（正电性）十二胺捕收剂时则很难吸附，几乎不能浮选。同样当 $pH>6.7$ 时，矿物表面带负电，用阳离子型十二胺浮选效果很好，而用阴离子型捕收剂则基本不浮。

石英的零电点为 $pH=2$，在 $pH=2$ 时用阴离子型捕收剂有最好的分选效果，用阳离子型捕收剂时则 $pH=6.7$ 效果最好，故在实际浮选时用阳离子型十二醋酸胺浮选氧化矿时最适宜的零电点为 $pH=6\sim8$，用磺酸盐类浮选时推荐 $pH=3\sim4$。

一般地说，化学吸附在浮选中占头等重要地位。但当表面电荷符号与捕收剂离子的电荷符号相同且电荷很高时，静电斥力可以抑制捕收剂离子的化学吸附，若此时仍发生捕收剂的吸附，则表明捕收剂离子已克服静电阻碍作用，发生了特性吸附（化学吸附或半胶束吸附）。

B 调节矿物表面电性可调节矿物表面的抑制或活化作用

以阳离子型捕收剂浮选石英为例，当 pH 值大于零电点时，石英表明荷负电，可用胺类进行捕收。如果在加入捕收剂前先加入无机阳离子，使矿物表面电性降低，石英受到抑制。当十二胺浓度为 1.5×10^{-4} mol/L、$pH=4.6$ 时，10^{-2} mol/L KNO_3 就能完全抑制石英的浮选。随 pH 值的升高，石英表面负电性增高，抑制所需的 KNO_3 浓度也要增高。除 K^+ 以外，Na^+ 或 Ba^{2+} 等对石英均有抑制作用。

刚玉浮选中无机离子也起到活化作用。刚玉的零电点在 $pH=9$ 左右。当 $pH=6$ 时，刚玉表面荷正电，用胺类作捕收剂因电性相同，药剂与矿物互相排斥，不能捕收。如果加入足量 SO_4^{2-}，因为 SO_4^{2-} 在刚玉表面有特性吸附，可使电动电位变号，然后再用胺类捕收剂浮选刚玉时，在 $pH=6$、加入 10^{-2} mol/L Na_2SO_4、采用 5×10^{-4} mol/L 的十二胺作捕收剂，刚玉完全可浮。

当前，硫化矿物无捕收剂浮选正是利用调节矿浆电位的方法来控制硫化矿表面的氧化还原反应，使形成不同的亲水疏水物质，从而改变矿物的可浮性，实现彼此分离。

C 表面电性影响矿物颗粒絮凝和分散

矿物表面由于存在双电层，具有一定的电性。如果这些颗粒表面带有相同的电性，在互相接近过程中，当达到一定距离以后，就会产生静电斥力，使颗粒分开。如果颗粒所带电荷相反，则可"异性相吸"，使它们凝聚。通常，同种矿物在相同溶液中其电性是相同的。它们处于絮凝或分散状态主要取决于其表面电荷的数量大小。

为了使悬浮颗粒絮凝，必须降低其表面电位，减少其间斥力，使其互相接近，最终形成絮团；反之，要使它们分散、处于悬浮状态，必须提高其表面电位。电动电位增高，扩散层变厚，增加颗粒间斥力，颗粒相互之间保持较大距离，削弱和抵消范德华引力，使颗粒分散体系更稳定。该过程的原理与胶体体系相似，将颗粒表面电荷中和，胶体体系即失稳；而在胶体颗粒上加上同种电荷，体系的稳定性就大大增加。因此，为改变颗粒在溶液中的分散或絮凝状态，可通过向矿浆中添加电解质改变颗粒表面的双电层电位来实现。通常，所加电解质价数越高，其作用也越大。

D　表面电性影响细泥在矿物颗粒表面的吸附和覆盖

通常细泥的表面带负电。如果矿物的电动电位为正，则多数情况下意味着矿物表面荷正电，因此，细泥极易吸附到矿物的表面上。如果矿物表面覆盖了细泥，则会改变矿物表面原来的润湿性，并降低分选过程的选择性，因此，细泥覆盖对浮选有极大的影响。

电动电位与浮选之间有着密切关系，可用电动电位来评价矿物与各种药剂作用后浮选活性的变化。电动电位绝对值降低可使浮选效果变好。对煤等矿物的试验表明，在等电点时，矿物表面吸附的捕收剂数量最多，即等电点时矿物的浮选活性最好。因此，可认为随矿物表面电动电位降低，矿物与捕收剂的作用变好，捕收剂在矿物表面的吸附量增多，矿物表面水化作用减弱，水化层变薄，提高了矿物表面疏水性和可浮性。

矿物表面与药剂作用后，可使电动电位降低。一些药剂与矿物表面有特殊亲和力，可作为双电层的定位离子吸附到矿物表面。当它们吸附到双电层内层后，既改变了矿物的表面电位，又改变了矿物电动电位，使矿物表面电位和电动电位同时降低。结果，一方面可使矿物表面极性降低，减弱其水化作用，提高分选过程中的可浮性；另一方面可改善矿物表面与捕收剂的作用，增加捕收剂在矿物表面的吸附量。此外，还可减少细泥在矿物表面的覆盖。

可见，随矿物电动电位降低，矿物可浮性提高，浮选效果变好，因而可用药剂与矿物作用前后电动电位之差评价矿物浮选活性的改变，电动电位差越大，药剂与矿物的作用越好，浮选活性提高就越大。

3.3.5　矿物粉体表面化学性质

粉体表面的化学性质与粉体物料的晶体结构、化学组成、表面吸附物等有关，它决定了粉体在一定条件下的吸附和化学反应活性以及表面电性和润湿性等，因此，对其应用性能以及与表面改性剂分子的作用有重要影响。在溶液中粉体表面的化学性质还与溶液的pH值有关。以下主要讨论几种无机矿物填料表面的官能团或活性基团。

(1) 石英等硅酸盐矿物经机械粉碎后，新生表面上产生游离基或离子，形成 SiO_3—或 $[SiO_4]$ 基团；二氧化硅在水和空气的作用下，表面可能产生 Si—OH、Si—O—Si 等几种基团。这些官能团为石英等二氧化硅粉体与表面改性剂的作用提供了基础。

(2) 天然高岭土主要由片状结晶的高岭石组成，其结构单元为由 1 个层状硅氧四面体和 1 个铝氧八面体通过共同的氧离子连接而成的 1∶1 型层状硅酸盐矿物。其主要官能团为羟基 (OH)，该羟基处于每一层的表面，是高岭土的主要活性基团。此外，经粉碎加工后的高岭土，因晶体结构的断裂还形成 Si—O 及 Al—OH 活性官能团。

(3) 石棉为纤维状硅酸盐矿物，其结构为一层硅氧四面体和一层"氢氧镁石层"结合重复排列。分散后的石棉纤维表面的活性官能团主要是羟基 (OH)。

(4) 云母为层状硅酸盐矿物，其单元晶体结构由 2 个四面体层和 1 个八面体层组成，八面体位于两个四面体之间。位于八面体中的阳离子 Al、Mg 等上下均与硅氧四面体层中的两个 O 以及位于六边形中心的一个 OH 相配位，形成氢氧铝石 $Al—O_4(OH)_2$ 层或氢氧

镁石层 $Mg—O_4(OH)_2$。粉碎后的云母因硅氧键 Si—O—Si 的断裂，表面显露 Si—O 基团，在水作用下形成 Si—OH，并露出 Al—O 等活性基团。

（5）滑石为含镁层状硅酸盐矿物，其结构单元层中，上下两层为尖端彼此相对的硅氧四面体，中间夹一层硅氧镁层。碎裂后的滑石粉存在两个不同性质的表面，一是解理面，二是垂直于解理面的端面。在解理面上主要是 Si—O—Si 键，端面在水或空气等的作用下形成 Mg—O、Si—O、OH、Si—OH 等活性官能团。

（6）叶蜡石也是一种层状铝硅酸盐矿物，单晶片为 T—O—T 型，即为两个硅氧四面体片和 1 个铝氧（羟基）八面体片组成的 2∶1 型结构。叶蜡石两个结构单元层间无层间域，不含水及阳离子，单元层间仅靠范德华力连接，很容易解理成薄晶片。叶蜡石与滑石结构之差异在于滑石属三八面体结构，而叶蜡石属二八面体结构。叶蜡石粉体表面的官能团有 OH、O、Si—OH、Al—OH 等。

（7）硅灰石为链状钙硅酸盐矿物，其结构由钙氧八面体共边形链和硅氧四面体共顶角链构成。硅氧链中的硅氧四面体与钙氧链中的钙氧八面体棱相连，或与钙氧八面体的氧相连。粉碎后的硅灰石粉体表面存在 Si—O—Si、Ca—O、Si—O、Si—OH 等活性基团。

4 非金属矿的超细粉碎与分级

粉碎是指固体物料在外力作用下，内聚力、粒度变小或比表面积变大的过程。因粉碎的目的不同，其工艺过程也有差异，如粉碎产品以便于加工、使用、输送及储存，粉碎产品以改善粉体的反应速率、溶解速率和催化活性等。采用不同的粉碎设备和粉碎工艺，可获得不同粒度分布的细粉体或超细粉体，因此，在非金属矿加工中可将粉碎过程分为粉碎与超细粉碎。

非金属矿经超细粉碎加工后可得到各种性质的超细粉体，超细粉体是改造和促进油漆涂料、信息记录介质、精细陶瓷、电子技术、新材料和生物技术等新兴产业发展的重要基础。由于常规矿物粉碎技术与设备在矿物加工、建材生产等专业图书中已有深入介绍，本章中主要围绕非金属矿深加工中的机械超细粉碎技术与设备展开论述。

4.1 超 细 粉 碎

4.1.1 物料基体特征

4.1.1.1 强度

强度是指物料抗破坏的阻力，一般用破坏应力表示，即物料破坏时单位面积上所受的力，单位用 Pa 来表示。根据破坏时施力方法不同，强度可分为抗压强度、抗剪强度、抗弯强度和抗拉强度等。

物料的破坏应力以抗拉应力最小，它只有抗压应力的 1/3~1/20，为抗剪应力的 1/20~1/15，为抗弯应力的 1/10~1/6。不含任何缺陷的完全均质材料的强度为理论强度，它相当于原子、离子或分子间的结合力。物料的实际强度或称实测强度，低于其理论强度，一般实际强度为理论强度的 1/1000~1/100。

强度高低是物料内部价键结合能的体现，粉碎过程实际上是通过外部作用力对物料施以能量足以超过其结合能时，物料发生变形、破坏以致破碎。对于同一种物料，其强度与粒度有密切的关系。不管何种物料，颗粒越细，强度越大，这是因为粒度变细，颗粒宏观和微观裂纹减小，缺陷越少，抗破坏应力变大，因此粉碎能耗升高。这也是超细粉碎能耗高的原因之一。

4.1.1.2 硬度

硬度是表示材料软硬程度的指标，是材料弹性、塑性、强度和韧性等力学性能的综合指标，可表示材料抵抗弹性变形、塑性变形或破坏的能力，也可表述为材料抵抗残余变形或抵抗破坏的能力。一般非金属材料应用莫氏（Mohs）硬度表示，分成 10 个等级，硬度值越大意味着其硬度越高，金刚石最硬为 10，滑石最软为 1。

固体物料粉碎的难易程度与其硬度有关，硬度越高的物料粉碎时的阻力也越大，原因是硬度高的物料，其晶格能和表面能大，相应的临界粉碎应力也大。例如，方解石的莫氏硬度为3，其晶格能为2713kJ/mol，表面能为0.08J/m²，而石英的莫氏硬度为7，其晶格能为12519kJ/mol，表面能为0.78J/m²。因此，方解石较易粉碎，而石英很硬，较难粉碎。

4.1.1.3 脆性

材料在外力作用下而破坏时，无显著的塑性变形或仅产生很小的塑性变形就断裂破坏，其断裂处的断面收缩率和伸长率都很小，断裂面较粗糙，这种性质称为脆性。非金属矿多呈脆性，其抗拉能力远低于抗压能力。

脆性是与塑性相反的一种性质，从微观上看，塑性固体受力发生塑性变形，是由于晶格内部出现了滑移和双晶。材料的脆性和塑性是相对的，与所处环境密切相关，且可相互转化。材料在足够高的温度和足够慢的速度下会发生变形，任何物料均有塑性行为。一般情况下为塑性的物料，在低温承受应力，或在常温迅速加载时，都表现为脆性破坏。

4.1.1.4 易磨性

易磨性是表示物料粉碎难易程度的特性，结合不同的工艺过程，也称可碎性或可磨性。易磨性反映的是矿石被破碎和磨碎的难易程度，取决于矿石的机械强度、形成条件、化学组成与物质结构。同一粉碎机械在同条件下，处理坚硬矿石比处理软矿石生产率要低些，消耗功率要多些。为此，工程上结合碎矿磨矿工艺，提出了矿石的可碎性系数和可磨性系数（或称易磨性系数），以反映矿石的坚固程度，同时用来定量地衡量破碎和磨碎机械的工艺指标。球磨易磨性和辊磨易磨性的测试方法差别较大。球磨法（邦德功指数测定）主要应用于矿业和水泥行业，辊磨法（哈德格罗夫法）主要应用于煤炭行业。它们的区别主要在于磨碎条件、操作制度和表示可磨性的方法等。

4.1.2 施力作用与粉碎过程

粉碎机械以粉碎工具或产生的高速气流对物料施力使其粉碎。不同粉碎机械粉碎物料的方法有较大差异，但施力的种类主要是压碎、弯曲、剪切、劈碎、研磨、打击或冲击等，如图4-1所示。

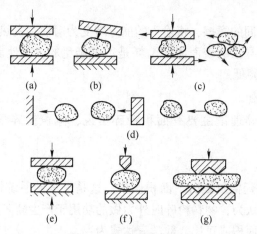

图4-1 粉碎的基本方法
（a）压碎；（b）打击；（c）研磨；（d）冲击；（e）剪切；（f）劈碎；（g）冲击

根据颗粒的物料性质、粒度及粉碎产品的要求，可采用以下施力方式：

（1）粒度较大或中等的坚硬物料采用压碎、冲击，粉碎工具上带有形状不同的齿牙；

（2）粒度较小的坚硬物料采用压碎、冲击、研磨，粉碎工具的表面无齿牙，是光滑的；

（3）粉状或泥状的物料采用研磨、冲击、压碎；

（4）腐蚀性弱的物料采用冲击、打击、劈裂、研磨，粉碎工具上带有锐利的齿牙；

（5）腐蚀性强的物料采用压碎为主，粉碎工具的表面是光滑的；

（6）韧性物料采用剪切或快速打击；

（7）多成分的物料采用冲击作用下的选择粉碎，也可将多种力场组合使用。

固体物料在机械力作用下的一般粉碎过程是：裂纹形成——裂纹扩展——断裂粉碎。当外力作用于固体颗粒时，首先形成裂纹，然后裂纹进一步扩展；当外力达到或超过颗粒的拉伸或剪切应力时，颗粒将被粉碎。颗粒的临界粉碎应力（σ）与颗粒的杨氏弹性模量（E）、表面能（γ）及晶格中原子之间的距离（r）有关，即

$$\sigma = \left(\frac{E\gamma}{r}\right)^{1/2} \tag{4-1}$$

显然，物料的杨氏弹性模量越大，颗粒的临界粉碎应力越大，即粉碎所需施加的外力作用力越大。由此可见，越是坚固难粉碎的物料，其表面能就越大，粉碎所需的临界粉碎应力越大。

4.1.3　超细粉碎能耗理论与粉碎极限

粉碎过程中，能量消耗主要体现在以下五个方面：

（1）颗粒经过粉碎，比表面积增大，将一部分输入能量转化为颗粒的表面能；

（2）颗粒在受力的作用包括拉（折、弯）、压（挤）和剪切（磨、撕）等过程中的弹、塑性变形，弹性变形的恢复将机械能转变为热量，塑性变形消耗的能量以颗粒内部及表面结构和形状的变化表现出来；

（3）颗粒、流体介质和器壁自身及相互之间的摩擦，将输入的能量转变为热量或噪声；

（4）机械运动件之间的摩擦，将输入的能量转变为磨损和发热；

（5）电机的发热等导致的表面能的消耗是不可避免的，其他能耗可通过改善粉碎方式、工艺和设备等得到降低。

4.1.3.1　粉碎理论

目前，经典功耗粉碎理论主要有面积粉碎学说、体积粉碎学说、裂缝学说和粒径函数。

A　面积学说

1867年，德国的雷廷格尔提出了面积假说，这是最早的系统性的粉碎理论，也称雷廷格尔学说。雷廷格尔认为，物料粉碎时外力做的功用于产生新表面，即粉碎功耗与粉碎过程中物料新生成的表面积成正比。数学表达式为：

$$dE = C_R dS \tag{4-2}$$

$$E = C_R\left(\frac{1}{D_2} - \frac{1}{D_1}\right)$$

$$= C_R'(S_2 - S_1) \tag{4-3}$$

式中，E 为粉碎功耗；D_1、D_2 分别为粉碎前、后物料的平均粒径或代表性粒径；S_1、S_2 分别为粉碎前、后物料的比表面积；C_R 为常数。

雷廷格尔学说只能应用于比较理想的情况，要求物料在破碎过程中没有变形，各向均匀，无节理和层次结构。当破碎比相当大时（$i>10$），这种假说的结果和实际情况较为接近。

B　体积粉碎学说

1874 年基尔皮切夫提出体积学说："在相同条件下，将物料破碎成与原物料几何形状相似的成品时，所消耗的能量与物料的体积或重量成正比。"基尔皮切夫体积学说的物理基础是任何物料受到外力时，在其内部引起应力和产生应变，应力和应变随外力增加而增加，当应力达到强度极限后，物料被破碎。应力与应变近似看作线性关系，经数学诱导可得粉碎功耗表达式：

$$W = \frac{\sigma_{max}^2 V}{2E_{弹}} \tag{4-4}$$

式中，σ_{max} 为物料强度极限，MPa；V 为物料体积，m^3；$E_{弹}$ 为弹性模量，MPa。

1885 年，基克也提出了体积粉碎理论。基克基于"物料粉碎前后粒度的变化，并从一个颗粒每破碎一次粒度减小一半，每次的破碎功耗相等"这一假设，认为物体粉碎时所需的功耗与颗粒体积的变化成正比。数学表达式为：

$$E = C_K\left(\lg\frac{1}{D_2} - \lg\frac{1}{D_1}\right)$$

$$= C_K'(\lg S_2 - \lg S_1) \tag{4-5}$$

式中，E 为粉碎功耗；D_1、D_2 分别为粉碎前、后物料的平均粒径或代表性粒径；S_1、S_2 分别为粉碎前、后物料的比表面积；C_K 为常数。

C　裂缝学说

裂缝学说，也称"邦德-王仁东学说"，是由邦德和王仁东于 1952 年提出的介于表面积学说和体积学说之间的一种粉碎功耗理论。裂缝学说认为物体在外力作用下先产生变形，当物体内部的变形能积累到一定程度时，在某些薄弱点或面首先产生裂缝，这时变形能集中到裂缝附近，使裂缝扩大而形成破碎，输入功的有用部分转化为新生表面上的表面能，其他部分则成为热损失。因此，粉碎所需的功应考虑变形能和表面能两项，粉碎所需的功应当与体积和表面积的乘积成正比，即与 $(VS)^{0.5}$ 成正比。

根据邦德所作的解释，粉碎物料消耗的能量与物料产生的裂缝长度成正比，而裂缝又与物料粒径的平方根成反比，裂缝学说表达式为：

$$E = C_B\left(\frac{1}{\sqrt{D_2}} - \frac{1}{\sqrt{D_1}}\right)$$

$$= C_B'(\sqrt{S_2} - \sqrt{S_2}) \tag{4-6}$$

式中，E 为粉碎功耗；D_1、D_2 分别为粉碎前、后物料的平均粒径或代表性粒径；S_1、S_2 分别为粉碎前、后物料的比表面积；C_B 为常数。

邦德功指数是评价物料被磨碎难易程度的一种指标，它认为"磨碎过程中矿块所产生的新的裂缝的长度与输入的能量成比例"，即

$$W = W_i\left(\frac{10}{\sqrt{P_{80}}} - \frac{10}{\sqrt{F_{80}}}\right) \cdot A_1 \cdot A_2 \cdot \cdots \cdot A_8 \tag{4-7}$$

则粉碎功指数为：

$$W_{i0} = \frac{W \cdot \eta}{\left(\dfrac{10}{\sqrt{P_{80}}} - \dfrac{10}{\sqrt{F_{80}}}\right) \cdot A_1 \cdot A_2 \cdot \cdots \cdot A_8} \tag{4-8}$$

式中，W 为实测功耗，$kW \cdot h/t$；W_{i0} 为粉碎功指数，即物料对粉碎的阻力参数，$kW \cdot h/t$；η 为电动机和传动系统效率；P_{80} 为产品中 80% 通过的粒度，μm；F_{80} 为给料中 80% 通过的粒度，μm；$A_1 \sim A_8$ 为修正系数，分别修正干式粉磨、开路球磨、磨机直径、过大给料粒度、球磨细度、棒磨粉碎比、球磨低粉碎比和棒磨回路等条件变化。

目前，邦德功指数已成为粉碎工程设计和应用中不可缺少的重要参数和指标。

物料粉碎新生表面积的能耗占粉碎总能耗的比例不到 1%，所以雷廷格尔的"表面积学说"并未反映粉碎时能量转换的真正物理过程。基克学说把物料视为性质均匀的弹性体，粉碎能耗只取决于粉碎比 D_2/D_1，而与颗粒尺寸本身大小无关，实际上颗粒越小粉碎越困难，而且各种物料在一定条件下都存在粉碎下限，所以基克学说的解释也是片面的。邦德的"裂缝学说"提出的裂缝长度的概念仅仅是人为的假定，并无确切的物理意义。

虽然都存在着一定的局限性，但是三大粉碎理论都存在着一定的适用条件，分别反映了粉碎过程的某一阶段的能耗规律，从而组成了整个粉碎过程，即弹性变形阶段（基克学说）——裂纹产生及扩展阶段（邦德学说）——形成新表面（雷廷格尔学说），它们相互补充，互不矛盾。对于粗粒物料（大于 10mm）的粉碎过程，基克学说比较接近实际；对于细粒物料（1~100μm）的粉碎过程，雷廷格尔学说与实际过程较为吻合；邦德学说适用于中等粒度物料（1~10mm）的粉碎过程。但是，三大经典粉碎功耗理论并不是针对超细粉碎提出的，都不适用于产物粒度小于 1mm 的超细粉碎中的功耗计算。因为在超细粉碎过程中，外加的机械能不仅用于颗粒粒度的减小或比表面积的增大，还有因为强烈的和长时间的机械力作用导致的颗粒机械化学变化以及机械传动、研磨介质之间的摩擦、振动等消耗。

D Lewis 公式

由于粉碎是以减小粒径为目的，通常粉碎功耗就以粒径函数来表示。1957 年，查尔斯提出了一个基于粒度减小的粉碎功耗微分式：

$$dE = - C_L x^{-n} dx$$

$$E = \int_{x_1}^{x_2} - C_L x^{-n} dx \tag{4-9}$$

式中，E 为粉碎功耗；x_1、x_2 分别为粉碎前、后物料的平均粒径或代表性粒径；n 为系数，由试验确定；C_L 为 Lewis 系数。

实际上，随着粉碎过程的不断进行，物料的粒度不断减小，其宏观缺陷也减小，强度增大，减小同样的粒度所消耗的能量也要增加，因而粗粉碎和细粉碎阶段的比功耗是不同的。显然用 Lewis 公式来表示整个粉碎过程的功耗是不确切的。

在 Lewis 公式中，若取 $n=2$，积分得到雷廷格尔粉碎功耗公式；若取 $n=1$，积分得到基克粉碎功耗公式；若取 $n=1.5$，积分得到邦德粉碎功耗公式。

因此，这三种学说可认为是对 Lewis 公式的具体修正，从不同角度解释了粉碎现象的某些方面。

一般地，对于 $n>1$，对 Lewis 公式积分，可得：

$$E = C_L\left(\frac{1}{x_2^{n-1}} - \frac{1}{x_1^{n-1}}\right)\bigg/(n-1) \tag{4-10}$$

$$= k\left(\frac{1}{x_2^m} - \frac{1}{x_1^m}\right)$$

$$m = n - 1$$

$$k = \frac{C_L}{n-1}$$

令粉碎比 $i = \dfrac{x_1}{x_2}$，上式可写成：

$$E = \frac{k}{x_1^m}(i^m - 1) \tag{4-11}$$

m 与物料性质、粉碎设备类型、给料粒度及产物粒度等有关，还与被粉碎物料的硬度有关。

4.1.3.2 粉碎功耗新理论

A 田中达夫粉碎定律

由于颗粒形状、表面粗糙度等因素的影响，上述各式中的平均粒径或代表性粒径很难精确测定。而随着比表面积测定技术的发展，采用比表面积比采用平均粒径更加精确，目前已得到广泛应用。

在粉碎理论的研究中，粉碎产物的粒度大小是人们关心的问题。粉碎是否有极限？若有，极限是多少？随着技术的发展，研究人员发现：当粉碎颗粒达到一定细度时，颗粒会出现微塑性变形。由于微塑性变形的影响，颗粒会发生锻焊或焊合作用而相互聚合长大，使颗粒变粗，因此把该细度范围称作粉碎极限，于是出现了"极限表面理论"。

1954 年，田中达夫提出了带有结论性质的用比表面积表示的粉碎功耗定律。比表面积增加量对功耗增加量的比值与极限比表面积和瞬时比表面积的差值成正比，即为有界粉碎能耗关系式：

$$\frac{dS}{dE} = K(S_\infty - S) \tag{4-12}$$

式中，S_∞ 为极限比表面积，与粉碎设备、粉碎工艺及物料性质有关，m^2；S 为瞬时比表面积，m^2；K 为常数，由试验确定。

此式表明，物料越细时，单位能耗所产生的新表面积越小，即越难粉碎。

将上式积分，当 $S \ll S_\infty$ 时，可得：

$$S = S_\infty(1 - e^{-KE})$$

此式相当于 Lewis 公式中 $n>2$ 的情形，适用于微细粉碎。

B 海恩斯公式

英国的海恩斯假设粉碎过程符合雷廷格尔粉碎学说，粉碎产品的粒度符合罗森-拉姆勒分布，设固体颗粒间的摩擦力为 k_r，推导出如下公式：

$$E = \frac{C_R}{1 - k_r}\left(\frac{1}{x_2} - \frac{1}{x_1}\right) \tag{4-13}$$

可见，k_r 越大，粉碎能耗越大。

由于粉碎的结果是增加固体的比表面积，则将固体比表面能 γ 与新生表面积相乘可得粉碎功耗计算公式：

$$E = \frac{\gamma}{1 - k_r}(S_2 - S_1) \tag{4-14}$$

C　Rebinder 公式

苏联的 Rebinder 和乔达科提出：在粉碎过程中，固体粒度变化的同时还伴随着其晶体结构及表面物理化学性质等的变化。他们在将基克学说和田中达夫粉碎定律结合的基础上，考虑增加表面能 σ、转化为热能的弹性能的储存及固体表面某些机械化学性质的变化，提出了如下功耗公式：

$$\eta_m E = \alpha\ln\frac{S}{S_0} + \left[\alpha + (\beta + \sigma)S_\infty\right]\ln\frac{S_\infty - S_0}{S_\infty - S} \tag{4-15}$$

式中，η_m 为粉碎机械效率；α 为与弹性有关的系数；β 为与固体表面物理化学性质有关的常数；S_0 为粉碎前的初始比表面积。

D　胡基公式

1961 年，胡基做了更为广泛和精致的验证，研究了输入能量与产物粒度的关系，认为能耗规律是随产物粒度变细由基克学说向邦德学说再向雷廷格尔学说连续地过渡的，传统的三大能耗学说不过是具有代表意义的三个特殊情况，大量的破碎现象是处于它们之间的，但对于 10m 以下超细粉碎的能耗规律，胡基并未作讨论。其方程为：

$$dE = -C\frac{dx}{x^{f(x)}} \tag{4-16}$$

式中，$f(x)$ 为随粒度 x 而变化的函数。

E　列宾杰尔功耗公式

列宾杰尔通过研究，发现石英粉碎后不仅存在极限比表面积，也存在塑性变形，还因机械的活化作用使石英无定形化。1962 年，列宾杰尔提出了粉碎石英所需能量的关系式：

$$\eta\Delta\varepsilon = \frac{ec}{a_F}\ln\left(\frac{S}{S_0}\right) + \frac{ec}{a_F} + (\beta l + \sigma)S_\infty \tag{4-17}$$

式中，η 为粉碎机械效率；$\Delta\varepsilon$ 为输入粉碎机的比有用能量，J/cm^3；e 为比弹性变形能，J/cm^3；c 为比例系数；a_F 为粉体形状系数；β 为比塑性变形能，J/cm^3；l 为无定形层的厚度，cm；σ 为比表面自由能，J/cm^2。

F　K. Tkavova 公式

1979 年，K. Tkavova 首次从热力学的角度研究粉碎系统的内能、熵、自由焓等参数的变化规律及与粉碎能耗之间的关系，认为粉碎是一个不可逆的热力学过程，并把该过程作为一个物理化学过程来研究，以此为基础建立了热力学能量平衡方程式。

$$E = \Delta U_m + \Delta U_i - Q \tag{4-18}$$

式中，ΔU_m 为被粉碎物料内能的增加量，J；ΔU_i 为粉碎介质内能的增加量，J；Q 为总的热损失，J。

G 神保元二粉碎功耗公式

神保元二在英国海恩斯研究的基础上，提出粉碎农业物料所消耗的功除了用于生成新的物料表面积和变形所耗之功外，必然还有其他能量消耗，如物料在粉碎过程中所发生的化学变化和物理变化以及物料表面结晶构造变化等消耗的能量。对此，他只给出定性的结论，并未给出定量分析。

$$E = \frac{\delta}{1 - k_r}(S_2 - S_1) \tag{4-19}$$

式中，δ 为物料表面变化所需功耗。

4.1.3.3 现代粉碎理论

A 料层粉碎理论的形成

早期的粉碎理论研究，大多是揭示粉碎机械能量消耗与被碎物料粒度减少量之间的关系。19 世纪后期，才出现了一些有价值的能耗理论，如雷廷格尔表面积假说、基克体积假说、邦德裂缝假说以及 Lewis 统一能量方程式。但是，用粉碎能耗来研究粉碎过程或固体破碎程度的方法是不完善的。因为粉碎机械本身的一些能量损失无法估算，如颗粒受到摩擦而不碎裂造成的能量损失、动能和势能的损失、颗粒弹性和塑性变形造成的能量损失、粉碎过程中的机械化学行为造成的能量损失等。由此，国内外学者开始在物料粉碎机理、能量平衡及粉碎过程定量描述等方面进行了广泛的试验研究，在现代断裂力学和实验技术的基础上，提出了高压料层挤压粉碎理论。

物料不是在破碎机工作面上或其他粉磨介质间作单颗粒粉碎（破碎或粉磨），而是作为一层（或一个料层）得到粉碎。该料层在高压下形成，压力导致颗粒挤压其他临近颗粒，直到其主要部分破碎、断裂，产生裂缝或劈碎。

B 料层粉碎理论

料层粉碎理论可概括为：固体物料受外部压力作用时会产生压缩变形，造成内部应力集中，当应力达到颗粒在某一最弱轴向上的破坏应力时，该颗粒就会在该轴向上发生碎裂和粉碎行为。料层粉碎理论的基本观点是物料在每个移动循环中相邻颗粒改变其相对方位，相互作用力矢量也不断改变，由此达到被粉碎物料的负载改变方向的目的。同时，造成强制性自磨的条件，是结构缺陷少的、最坚硬的颗粒可破碎相邻粒子间键力弱的颗粒，而在等硬度颗粒中，剪切力与位错滑动力相重合处的颗粒被破碎。料层粉碎受力图如图 4-2 所示。

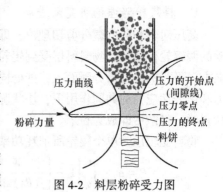

图 4-2 料层粉碎受力图

C 料层粉碎过程

层压粉碎大致可以分为三个阶段。

（1）满料密实阶段。当物料在重力和拉入力（辊面摩擦力）共同作用下进入粉碎作业区后，即受到较小压力的作用，物料颗粒因此而互相靠紧、密实，故松散容积变化较大；随着物料的推进，物料密实度逐渐增大。由于两辊间隙越来越小，各颗粒之间已由点接触过渡到面接触，有些颗粒开始沿解理面破碎，但这种破碎与寻常破碎机基本相同。这一阶段颗粒的密实度大约从 10% 增大到 45%。

（2）层压粉碎阶段。随着料层向两辊间隙最小处推进，物料便进一步密实为由颗粒群构成的料层，应力强度继续升高到物料的挤压强度极限。由于密实度增高（如密实度由 45% 增大到 80%～85%），颗粒之间的间隙几乎趋向于零。因此，在高应力作用下，密实状态的颗粒之间进行着应力传递，各颗粒之间出现强烈的作用和反作用（交互作用力）力，于是有众多的颗粒被粉碎或者产生许多微裂纹，此时压力或应力曲线表现为很陡的斜率。鉴于物料的几何、物理性质的差异，颗粒层压粉碎行为一般在较大的应力范围内发生，曲线斜率也开始由陡变平缓。

（3）结团排料阶段。由于颗粒粉碎概率增高，已碎颗粒必然在高应力作用下重新排列各自的位置，料层松散容积亦不断变化，个别粗颗粒被众多细颗粒所包围，此时粒间应力传递相当分散。由于各颗粒重新排列的密实料层已被挤到两辊间隙最小处，各颗粒间的间隙几乎趋向于零，其料层密实度更高，有时甚至高达 85%，于是产生了排料结团现象，这就是所谓料饼料坯。此时层压力增大到极大值，料饼通过两辊最小间隙处，以连续料坯的形态排出粉碎腔。

D　料层粉碎特点

料层粉碎具有选择性粉碎的特点。由于粉碎力在物料之间传递，强度较弱、颗粒较大的物料首先被粉碎，而颗粒较小、强度较大的物料最后被粉碎，甚至没被粉碎直接排除。因此，相同物料、相同比表面积，颗粒分布宽的产品能耗更高。由于选择性粉碎的影响，随着系统循环负荷的加大，其成品颗粒分布都朝着更加均齐的方向发展。

物料的最大粒度和颗粒分布影响拉入角的大小，从而影响最大料层厚度。若需粉碎颗粒分布宽的产品，可减小料层厚度，增加压力，以减小选择性粉碎的影响。

E　料层粉碎理论研究新进展

高压对辊粉碎的微分剪切理论，即当块状脆性材料被引进高压对辊后，在等速相向转动的两辊轮作用下，物料料层受到辊轮法向作用力而被逐步压缩，且物料料层在与辊轮径向方向平行的任一微分断面上，处处同时存在连续的剪切作用和切应力。在辊轮法向压缩力和微分切应力的共同作用下，块状脆性材料通过高压对辊时，被剪切形成均匀细密的粉状料饼，打散后即成为粉末。

物料受辊压时单个辊轮所消耗功率的数学模型为：

$$P = \omega \times \int_{\theta_0}^{\theta_n} \left\{ 1 - \left[\frac{W}{f(\theta_0)\sin\theta} - \frac{R}{f(\theta_0)} \right] \right\} \times \frac{W\arctan\theta}{\sin\theta} E(\theta) bRd\theta +$$
$$\frac{1}{2}\left(\frac{W}{\sin\theta} - R \right) \frac{W^2}{\sin^2\theta} \times (2\arctan^3\theta + \arctan\theta) G(\theta) bd\theta \tag{4-20}$$

式中，P 为单位截面积上的压力；ω 为辊轮角速度；R 为辊轮半径；W 为辊轮中心至对称轴距离；θ 为辊轮转角，θ_0 到 θ_n 的角度范围即为辊轮对物料料层的作用范围；$f(\theta_0)$ 为物料料层被辊轮拉入时的初始厚度；$E(\theta_0)$ 为物料料层受压缩时的弹性模量；$G(\theta_0)$ 为物料料层受到剪切时的切变模量；b 为辊轮宽度。

料层粉碎技术是当今世界粉碎工程领域中最实用的新型机械粉碎技术之一，更是对三大粉碎理论的综合继承和发展。尽管对于层压粉碎技术的粉碎机理和力学特性仍然还没有被完全揭示，但应用层压粉碎技术开发研制的各类粉碎机械，在粉碎工程的工业实际应用中都表现出明显的优越性。

4.1.3.4　突变理论

随着粉碎理论的发展，人们逐渐认识到物料粉碎其实是经历了非线性压实、线弹性变形、裂纹的扩展、非弹性变形破坏等过程，并非任何小的外力都能引起物料颗粒的粉碎，只有当外力足以克服内部质点间的内聚力，宏观裂纹快速扩展，粉碎才能突然发生，从这个角度来说物料粉碎是突变过程。

突变理论的数学渊源是常微分方程的三要素：结构稳定性、动态稳定性和临界集。一般所讲的突变理论实际上是初等突变理论，它的主要数学渊源是根据势函数把临界点分类，进而研究系统在平衡状态下各种临界点附近非连续性态的特征，即为有限个数的若干个初等突变。把这样得到的知识与对不连续现象的理论分析和观察资料相结合，就可以建立数学模型，更深刻地认识不连续现象的机理并做预测。

突变理论中，状态变量反映了控制变量对系统作用的效果，用来衡量粉碎程度。一般可以用粒度分布、比表面积等参数作为状态变量，由这些控制变量和状态变量组成的势函数，反映了物料系统的粉碎特性。物料粉碎系统的势函数，既可以有明确的物理意义，也可以只是一个数学概念。

关于突变模型的运用有两种类型。一种是直接运用数学模型，并给模型中的状态变量、控制变量赋予明确的物理意义。这种处理方法直观、简单，各参量物理意义清晰，但模型缺乏严密的数学推导的过程。张浩采用这种方法，提出以破碎力作为状态变量，物料所接受能量、颗粒尺寸、颗粒瞬时强度作为控制变量的突变模型。

另一种是通过严格的数学运算导出突变模型，它综合地反映了影响物料粉碎的主要因素对于状态变量、控制变量乃至势函数的影响，而要定义状态变量和控制变量的物理意义则是困难的。福生利用物料系统消耗的能量作为势函数，将其进行泰勒展开，经截断和扩展处理，转化成尖点突变的标准形式。

物料粉碎是一个由定态到失稳再到新定态过程的耗散结构。物料粉碎过程体现了不可逆性、不连续性、突变性、相关性和远离平衡态的非线性等显著特点，对物料粉碎过程中状态演变行为的研究转化为对系统势函数突变行为的研究，提出了粉碎功耗的三种突变模型。尖点模型：$W = Z^4 + a_1 Z^2 + a_2 Z$，燕尾模型：$V(F) = F^5 + EF^3 + DF^2 + PF$，以及 $V(R) = R^5 + uR^3 + vR^2 + \omega R$。

4.1.3.5　粉碎过程动力学研究——粉碎速度论模型

单纯的粉碎功耗理论不能代表全部的粉碎理论，也无法完整地描述整个粉碎过程。实际的粉碎过程是固体物料多次反复破碎的非线性过程，并非单一的速度过程。

在粉碎过程中，多数粉碎机都反复地执行着单一的粉碎操作，所以可把粉碎过程看作速度过程来处理，于是出现了"粉碎速度论"的概念，它是把粉碎过程数式化，然后求解基本数式，并且跟踪其现象。

粉碎过程动力学研究目的在于了解粉碎过程进行的速度以及与之有关的影响因素，从而实现对粉碎过程的有效控制，具体而言，就是研究物料中不同粒度级别的质量随粉碎时间的变化规律。

假设：粉碎前的粉碎设备内的物料无合格细颗粒，则粗颗粒的浓度为1，在粉碎条件不变时，待磨粗颗粒量的减少仅与时间成正比，即

$$-\frac{\mathrm{d}Q}{\mathrm{d}t} = K_0 \qquad\qquad (4\text{-}21)$$

此即物料的零级粉碎动力学。

阿尔比特等认为，粉磨过程中细颗粒的生成速率符合零级粉碎动力学，指出当磨机中存在大于预期细颗粒的粗颗粒时，这些粗颗粒优先被粉磨，因而对细颗粒产生屏蔽作用。预期细颗粒的产生速率为常数，则有：

$$m_x = k_x t = k_0 t \left(\frac{x}{x_0}\right)^a \qquad\qquad (4\text{-}22)$$

$$k_x = k_0 \left(\frac{x}{x_0}\right)^a$$

式中，x_0 为细颗粒临界粒径；x 为颗粒粒径；k_x 为细颗粒生成速率；k_0 为细颗粒生成速率；a 为动学级数。

1925 年，戴维斯首先提出了粉磨动力学微分方程，1930 年，法伦·沃尔德进一步做了工作，求得粉磨动力学一阶方程式：

$$-\frac{\mathrm{d}Q}{\mathrm{d}t} = K_1 R \qquad\qquad (4\text{-}23)$$

将上式积分，可得：

$$\ln R = -K_1 t + C \qquad\qquad (4\text{-}24)$$

若 $t=0$ 时，$R=R_0$，则 $C=\ln R_0$，代入上式得：

$$\ln R = -K_1 t + \ln R_0 \qquad\qquad (4\text{-}25)$$

$$\frac{R}{R_0} = \exp(-K_1 t) \qquad\qquad (4\text{-}26)$$

在实际应用中，由于影响粉碎速度的因素很复杂，所以，Aliavden 对粉碎时间作了修正，进一步提出了如下公式：

$$\frac{R}{R_0} = \mathrm{e}^{-K_1 t m} \qquad\qquad (4\text{-}27)$$

式中，m 为参数，随物料均匀性、强度及粉磨条件而变化。

随着粉磨时间的增加，后段时间的物料平均粒度总比前段小，细颗粒产率较高，相应地 m 值应增大；一般固体都是不均匀的，具有若干薄弱局部，随着粉磨过程的进行，总体物料不断变细，这些薄弱局部逐渐减少，物料趋于均匀而较难粉磨，致使粉磨速度降低。因此，m 值与物料的易磨性有关，可根据其值的变化来判断物料的均匀性。一般情况

下，m 值在 1 左右。

鲍迪什提出，在粉碎过程中，应将研磨介质的尺寸分布特性作为粉碎速度的影响因素。在一级粉碎动力学基础上，加上研磨介质表面积 A 的影响，得到二级粉磨动力学基本公式：

$$-\frac{\mathrm{d}Q}{\mathrm{d}t} = K_2 A R \tag{4-28}$$

介质表面积在一定时间内认为是常数，所以上式可积分为：

$$\ln \frac{R_1}{R_2} = K_2 A(t_2 - t_1) \tag{4-29}$$

研磨介质的表面积是不可忽视的因素，而表面积 A 又是不同尺寸介质级配的表现。因此，对于不同性质、不同大小的物料，研磨介质的级配选择应给予重视。

在粉碎模型中，可将粉碎视为依次连续发生的或间断发生的碎裂事件。每一单个碎裂事件的产品的表达式称为碎裂函数。它与物料性质有关，又与流程、设备等因素有关，情况极其复杂，要采用实验手段来确定这种函数是很困难的。但理论与实验表明，各种物料在不同的粉碎设备条件下所得到的粉碎产品粒径，均有一定形式的粒度分布曲线，而且分布曲线可以用某种形式的方程式来表达。

1948 年，爱泼斯坦以球磨机为研究对象，从统计观点确立了分别描述颗粒破碎概率的选择函数和破碎产物粒度分布的破裂分布函数，并首次提出了粉碎的解析模型，建立了微分-积分方程。他指出，在一个可以用概率函数和分布函数描述的重复粉碎过程中，第 n 段粉碎后的分布函数近似于正态分布。

4.1.4 粉碎过程

4.1.4.1 粉碎过程物理模型

罗森-拉姆勒等学者认为，粉碎产物的粒度分布具有二成分性（严格地说是多成分性）。所谓二成分性是指整个粒度分布包含粗粒和微粒两部分的分布。根据粉碎产物粒度分布二成性，可以推论材料颗粒的破坏过程不是由连续单一的一种破坏形式所构成。Hutting 等提出了粉碎的三种粉碎过程物理模型，如图 4-3 所示。

（1）体积粉碎模型。体积粉碎模型是指整个颗粒都受到破坏（粉碎），粉碎生成物大多数为粒度大的中间颗粒，随着粉碎的进行，这些中间粒径的颗粒依次被粉碎成具有一定粒度分布的中间粒径颗粒，最后逐渐积蓄成微粒成分（稳定成分）。

（2）表面粉碎模型。表面粉碎模型是指仅在颗粒的表面产生破坏，从表面不断削下微粒成分，这一破坏不涉及颗粒的内部。

（3）均一粉碎模型。均一粉碎模型是指加于颗粒的力，使颗粒产生分散性地破坏，直接碎成微粒成分。

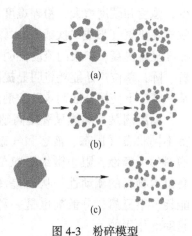

图 4-3 粉碎模型

(a) 体积粉碎模型；(b) 表面粉碎模型；
(c) 均一粉碎模型

以上三种模型中的均一粉碎模型仅在结合极不紧密的颗粒集合如药片之类特殊的场合中出现，对于一般情况下的粉碎可以不考虑这一模型。因此，实际的粉碎是体积粉碎和表面粉碎两种模型的叠加，表面粉碎模型构成稳定成分，体积粉碎模型构成过渡成分，从而形成二成分分布。

4.1.4.2　粉碎过程分散与助磨

A　超细粉碎过程的分散

在湿式超细粉碎过程中，除采用分散剂分散或化学分散外，还可采用物理分散的方法，物理分散方法包括以下几种。

(1) 超声分散。将所需分散的超细粉体悬浮体置于超声场中，用适当的超声频率和作用时间加以处理。它包括超声乳化（主要用于分散难溶于液态的药剂和难以相溶的两种或多种液态物质）、超声分散（用于超细粉体在液相介质中的分散，在测量超细粉体粒度时，通常使用超声分散进行预处理）、超声清洗等。

超声波用于超细粉体悬浮体的分散效果虽然较好，但由于其能耗高，大规模使用在经济上还存在很多问题。

(2) 机械搅拌分散。通过强烈的机械搅拌引起液流强湍流运动而使超细粉体聚团碎解悬浮。但是在停止搅拌后，分散作用消失，超细粉体可能重新团聚。此外，在超细设备中，转速往往受到一定的限制，因此机械搅拌难以单独完成超细粉碎过程"降黏"的目的。因此，必须采用与化学分散相结合的手段。

化学分散就是通过在超细粉体悬浮体中添加分散剂（无机电解质、表面活性剂、高分子分散剂等）阻止颗粒之间的团聚，达到降低矿浆黏度和物料稳定分散的目的。

B　超细粉碎过程的助磨

在超细粉碎过程中，当颗粒的粒度减小至微米级后，颗粒的质量趋于均匀，缺陷减少，强度和硬度增大，粉碎难度大大增加。同时，因比表面积及表面能显著增大，微细颗粒相互团聚（形成二次或三次颗粒）的趋势明显增强；对于湿法超细粉碎，这时矿浆的黏度显著提高，矿浆的流动性明显变差。如果不采取一定的工艺措施，这时粉碎效率将显著下降，单位产品能耗将明显提高，这就是在超细粉碎过程中必须使物料良好分散以及在某些情况下使用分散剂或助磨剂的原因。

助磨剂是一类能显著提高超细粉碎作业效率或降低单位产品能耗的化学物质，它包括不同状态（固态、液态和气态）的有机物和无机物。添加助磨剂的主要目的是提高物料的可磨性，阻止微细颗粒的黏结、团聚和在磨机衬板及研磨介质上的黏附，提高磨机内物料的流动性，从而提高产品细度和细产品产量，降低粉碎极限和单位产品的能耗。很显然，分散剂也是一种助磨剂，它是通过阻止颗粒的团聚，降低矿浆黏度来起助磨作用的。

a　助磨剂的作用原理

关于助磨剂的作用原理主要有两种观点。一是"吸附降低硬度"学说，认为助磨剂分子在颗粒上的吸附降低了颗粒的表面能或者引起近表面层晶格的位错迁移，产生点或线的缺陷，从而降低颗粒的强度和硬度；同时，阻止新生裂纹的闭合，促进裂纹的扩展。二是"矿浆流变学调节"学说，认为助磨剂通过调节矿浆的流变学性质和矿粒的表面电性等，降低矿浆的黏度，促进颗粒的分散，从而提高矿浆的可流动性，阻止矿粒在研磨介质及磨机衬板上的黏附以及颗粒之间的团聚。

在磨矿时，磨矿区内的矿粒通常受到不同种类应力的作用，导致形成裂纹并扩展，然后被粉碎。因此，物料的力学性质，如在拉应力、压应力或剪切应力作用下的强度性质将决定对物料施加的力的效果。显然，物料的强度越低、硬度越小，粉碎所需的能量也就越少。根据格里菲斯定律，脆性断裂所需的最小应力为：

$$\sigma = \left(\frac{4E\gamma}{L}\right)^{\frac{1}{2}} \tag{4-30}$$

式中，σ 为抗拉强度；E 为杨氏弹性模量；γ 为新生表面的表面能；L 为裂纹的长度。

式（4-30）说明，脆性断裂所需的最小应力与物料的比表面能成正比。显然，降低颗粒的表面能，可以减小使其断裂所需的应力。从颗粒断裂的过程来看，根据裂纹扩展的条件，助磨剂分子在新生表面的吸附可以减小裂纹扩展所需的外应力，防止新生裂纹的重新闭合，促进裂纹的扩展。助磨剂分子在裂纹表面的吸附如图 4-4 所示。

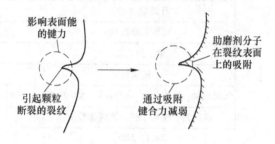

图 4-4　助磨剂分子在裂纹表面吸附的示意图

b　助磨剂种类

按照添加时的物质状态，助磨剂和分散剂可分为固体、液体和气体三种；根据其物理化学性质，助磨剂和分散剂可分为有机和无机两种。

固体助磨剂和分散剂有六偏磷酸钠、三聚磷酸钠、焦磷酸钠、硬脂酸盐类、胶体二氧化硅、炭黑、氧化镁粉、胶体石墨、用于水泥的石膏等。

液体助磨剂包括各种表面活性剂、高分子聚合物等，如用于石灰石、方解石及水泥熟料等的三乙醇胺、聚丙烯酸钠，用于高岭土的聚丙烯酸酯、六偏磷酸钠、水玻璃等，用于石英等的甘醇、三乙醇胺，用于滑石的聚羧酸盐，用于硅灰石的六偏磷酸钠等，用于黏土矿物及硅酸盐矿物的水玻璃等。

气体助磨剂有蒸气状的极性物质（丙酮、硝基甲烷、甲醇、水蒸气）以及非极性物质（四氯化碳）等。表 4-1 是部分实验室及工业细磨或超细磨中应用的助磨剂和分散剂。

从化学结构上来说，助磨剂和分散剂应具有良好的选择性分散作用；能够调节矿浆的黏度，具有较强的抗 Ca^{2+}、Mg^{2+} 的能力，受 pH 值的影响较小，即助磨剂和分散剂的分子结构要与细磨或超细磨系统复杂的物理化学环境相适应。

表 4-1　常用的助磨剂和分散剂

分类类型	助磨剂和分散剂名称	应用
液体助磨剂	乙醇、丁醇、辛醇、甘醇	石英
	甲醇、三乙醇胺、聚丙烯酸钠	方解石等
	乙醇、异丙醇	石英、方解石等
	乙二醇、丙二醇、丁醇等	水泥等
	丙酮、三氧甲烷、丁醇等	方解石、石灰石等
	丙醇	铁粉等
	有机硅	氧化铝、水泥等
	12~14 胺	石英、石英岩等
	FlotagamP	石灰石、石英等
	月桂醇、棕榈醇、油醇（钠）	石英石、方解石等
	硬脂酸（钠）	浮石、白云石、石灰石、方解石
	葵酸	水泥、菱镁矿
	环烷酸（钠）	水泥、石英岩
	环烷基磺酸钠	石英岩
	聚二醇乙醚	SiC 等
	n-链烷系	苏打、石灰
	焦磷酸钠、氢氧化钠、碳酸钠、水玻璃等	伊利石、水云母等黏土矿物
	碳酸钠、聚马来酸、聚丙烯酸钠	石灰石、方解石等
	NaCl、$AlCl_3$	石英岩等
	六偏磷酸钠、三聚磷酸钠、水玻璃等	石英、硅藻土、硅灰石、高岭土等
	六聚磷酸钠	硅灰石
	水玻璃、硅酸钠	石英、长石、钼矿石、云母等
	三乙醇胺	方解石、水泥等
	聚羧酸盐	滑石等
	碳氢化合物	玻璃
	焦磷酸钠、六偏磷酸钠	黏土矿
	硅酸钠、六偏磷酸钠	高岭土、伊利石等
	聚丙烯酸（脂）	高岭土、碳化硅等
固体助磨剂	石膏、炭黑	水泥、煤等
气体助磨剂	二氧化碳	石灰石、水泥
	丙酮蒸气	石灰石、水泥
	氢气	石英等
	氮气、甲醇	石英、石墨等

　　在超细粉碎中，助磨剂和分散剂的选择对于提高粉碎效率和降低单位产品能耗是非常重要的。但是，助磨剂和分散剂的作用具有选择性，对某种物料可能是有效的助磨剂和分散剂，对于另一种物料可能没有助磨作用甚至起阻磨作用。例如，虽然三乙醇胺对石灰石

及水泥熟料有很好的助磨效果，但对于石英几乎没有助磨效果或助磨作用很小，而0.1%的油酸钠甚至对石英的磨矿起负作用。

4.1.4.3 超细粉碎过程化学

粉碎不仅是物料粒度减小的过程，物料在受到机械力作用而被粉碎时，在粒度减小的同时还伴随着被粉碎物料晶体结构和物理化学性质不同程度的变化。这种变化对相对较粗的粉碎来说是微不足道的，但对于超细粉碎来说，由于粉碎时间较长、粉碎强度较大以及物料粒度被粉碎至微米级或小于微米级，这些变化在某些粉碎工艺和条件下显著出现。这种因机械超细粉碎作用导致的被粉碎物料晶体结构和物理化学性质的变化称为粉碎过程机械化学或机械化学效应。这种机械化学效应对被粉碎物料的性能产生一定程度的影响，正在有目的地应用于粉体物料的表面活化处理。

粉碎过程的机械化学变化主要包括：

(1) 被激活物料原子结构的重排和重结晶，表面的层自发的重组，形成非晶质结构；

(2) 外来分子（气体、蒸汽、表面活性剂等）在新生成的表面，上自发地进行物理吸附和化学吸附；

(3) 被粉碎物料的化学组成变化及颗粒之间的相互作用和化学反应；

(4) 被粉碎物料物理性能的变化。

这些变化并非在所有的粉碎作业中都有显著存在，它与机械力的施加方式、粉碎时间、粉碎环境以及被粉碎物料的种类、粒度、物化性质等有关。只有超细粉碎或超细研磨过程，上述机械化学现象才会出现或检测到。这是因为超细粉碎是单位粉碎产品能耗较高的作业，机械力的作用力强度大，物料粉碎时间长，被粉碎物料的比表面积大、表面能高。

A 晶体结构的变化

超细粉碎过程中，在强烈和持久机械力的作用下，粉体物料不同程度地发生晶粒尺寸变小、晶格畸变、结构无序化、表面形成无定形或非晶态物质，甚至发生多晶转换。这些变化可用X衍射、红外光谱、核磁共振、电子顺磁共振以及差热仪进行检测。

因粉碎作用引起的粉体物料的晶格畸变 η、晶粒尺寸 D_c（nm）可用霍尔公式进行计算：

$$\beta\cos\theta/\lambda = 1/D_c + 2\eta\eta\sin\theta/\lambda \tag{4-31}$$

式中，β 为实际的X射线的积分宽度；θ 为衍射角度；λ 为X射线的波长。

反映结构变化的有效德拜参数（effect temperature factor）可用下式计算：

$$\ln(I/I_0) = \ln k - 2B_{eff}(\sin^2\theta/\lambda^2) \tag{4-32}$$

式中，I、I_0 为被测试样品和标准试样的衍射峰强度；k 为常数。

物料结晶程度随衍射峰强度的变化，可用斯特里克公式进行计算：

$$k = I/I_0 \times 100\% \tag{4-33}$$

石英是晶体结构和化学组成最简单的硅酸盐矿物之一，也是较早认识到机械能诱发结构变化和较全面研究粉碎过程机械化学现象所选择的矿物材料之一。图4-5所示是用振动磨研磨石英所获得的X射线衍射曲线以及晶粒尺寸和晶格扰动随研磨时间的变化。通过将微分方程应用于表示晶体尺寸变化与时间的关系，计算得出在研磨的最初阶段以晶粒减小为主，但是延长研磨时间，当粉碎达到平衡后，主要是伴随团聚和重结晶的无定形化。

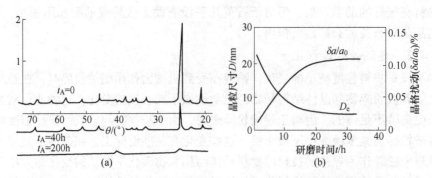

图 4-5   石英的 X 射线衍射和晶粒尺寸及晶格扰动随研磨时间的变化

（a）振动磨研磨石英所得的 X 射线衍射曲线；（b）晶粒尺寸和晶格扰动随研磨时间的变化

图 4-6 所示是用实验室球磨机对一种平均粒径为 10.4μm、SiO_2 的质量分数为 99.48%的石英粉进行干磨和湿磨后样品的 X 射线衍射图。结果表明，无论是湿磨还是干磨，当研磨时间延长到 24h 以后，X 射线衍射峰的强度均显著下降。这一结果与图 4-7 所示的研磨产品的粒度及比表面积有很好的对应关系，在被磨石英的粒度随研磨时间的延长不再减小或比表面积趋于增大，也即粉碎达到平衡时，可显著检测到石英晶体结构的变化。

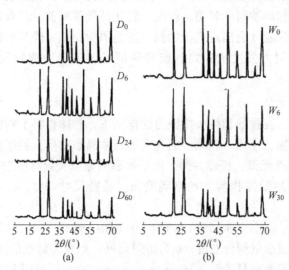

图 4-6   粉石英的 X 射线衍射图

（a）干磨样品；（b）湿磨样品

D_0，D_6，D_{24}，D_{60}—原矿样和研磨 6h、24h、60h 样品；W_0，W_6，W_{30}—原矿样和湿磨 6h、30h 的样品

石英表面在粉碎过程中形成无定形层后，一般在稀碱溶液或水中的溶解度增大。图 4-8 所示是上述粉石英在 0.2%（质量分数）氢氧化钠溶液和水中的溶解度随干磨时间的变化。随着研磨时间的延长，粉石英在稀碱溶液中的溶解度迅速增大，在 12h 之后，增速趋缓。由于研磨使颗粒变得很细，比表面积增大，使得表面无定形化的比例与整个颗粒相比非常显著。

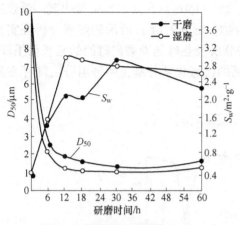

图 4-7 粉石英平均粒径 (D_{50})
和比表面积 (S_w) 随研磨时间的变化

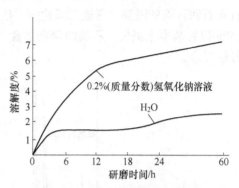

图 4-8 干磨粉石英样品的溶解度
与研磨时间的关系

基于无定形材料的数量及比表面积数据，列宾捷尔和霍达科夫曾经计算了无定形表面层的厚度。结果发现，对于粗粒研磨石英，表面变形层为 2nm。但是，在干磨过程中该变形层增加到数十纳米，在很长的研磨时间之后，整个颗粒变成无定形材料。在湿磨时，所检测到的样品的溶解度较小。但这绝不表明石英在湿磨过程中不形成无定形层。其主要原因是，颗粒的无定形层在湿磨过程中不断被溶解在水中。此外，水介质的冷却散热作用和润湿作用（减小黏附）也是湿磨过程中晶相转换和无定形化较轻的原因之一。

B 机械化学反应

由于较强烈的机械激活作用，物料在超细粉碎过程中的某些情况下直接发生化学反应。反应类型包括分解、气-固、液-固、固-固反应等。

一些碳酸盐矿物在研磨中的分解反应（形成二氧化碳）与氧化有关。例如，菱铁矿和菱锰矿在吸收氧后分解：

$$2FeCO_3 + O \longrightarrow Fe_2O_3 + 2CO_2 \uparrow$$

$$3MnCO_3 + O \longrightarrow Mn_3O_4 + 3CO_2 \uparrow$$

这些反应的平衡取决于磨机中氧气的分压，简单的分解过程只取决于二氧化碳的分压。

除碳酸盐矿物外，其他物料在研磨中也观察到发生机械化学分解，如过氧化钡分解产生氧化钡和氧，从褐煤中释放甲烷以及氯化钠研磨中产生氯气等。一些含有结构水（OH基团）的氢氧化物和硅酸盐矿物在研磨中直接按下式分解：

$$2(M-OH) \longrightarrow M_2O + (H_2O) \uparrow$$

在研磨氧化铅时，可观察到黄色碳酸铅的生成，其反应式为：

$$2PbO + CO_2 + H_2O \Longrightarrow PbCO_3 \cdot Pb(OH)_2$$

多种物料的机械混磨可导致固-固机械化学反应，生成新相或新的化合物，如方解石或石灰石与石英一起研磨时生成硅钙酸盐和二氧化碳。其反应式为：

$$CaCO_3 + SiO_2 \Longrightarrow CaO \cdot SiO_2 + CO_2$$

图 4-9 所示为石灰石和石英混磨不同时间后的 X 射线衍射和差热分析曲线。结果发

现，研磨100h后产品出现强烈团聚和非晶态化。研磨150h后在0.298nm处出现一低强度的新衍射峰，很可能是形成了一种钙硅酸盐化合物。图4-9（b）所示的热解分析证实在石灰石和石英的混磨中释放二氧化碳，碳酸钙的分解吸热峰随着磨矿时间的延长而下降，150h以后基本上消失。石英的存在加速了碳酸钙的机械化学分解，两种组分之间存在复分解反应。

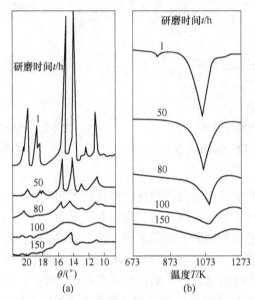

图4-9　石英和石灰石混磨后的X衍射和差热分析曲线

（a）X衍射图；（b）差热分析曲线

C　物理化学性质的变化

由于机械激活作用，经过细磨或超细研磨后物料的溶解、烧结、吸附和反应活性、水化性能、阳离子交换性能、表面电性等物理化学性质发生不同程度的变化。

a　溶解度

在前述晶体结构变化一节中已经述及粉石英经干式超细研磨后在稀碱及水中的溶解度增大。其他矿物，如方解石、锡石、刚玉、铝土矿、铬铁矿、磁铁矿、方铅矿、钛磁铁矿、火山灰、高岭土等经细磨或超细研磨后在无机酸中的溶解速度及溶解度均有所增大。

图4-10所示为部分硅酸盐矿物经振动磨研磨后，各组分（铝、硅、镁）的溶解度与比表面积的关系。

b　烧结性能

因细磨或超细研磨导致的物料热性质的变化主要如下。

（1）由于物料的分散度提高，固相反应变得容易，制品的烧结温度下降，而且制品的力学性能也有所改进。例如，白云石在振动磨中细磨后，用其制备耐火材料的烧结温度降低了375～573K，而且材料的力学性能提高。石英和长石经超细研磨后可以缩短搪瓷的烧结时间。瓷土的细磨提高了陶瓷制品的强度。

（2）晶体结构的变化和无定形化导致晶相转变温度转移。例如，α石英向β石英及方石英的转变温度和方解石向霰石的转变温度都因超细研磨而变化。

用行星振动球磨机对陶瓷熔块原料进行细磨后发现，熔块的熔融温度由 1683K 下降至 1648K 和 1603K，同时改善了釉面性能。图 4-11 所示为试样的熔融温度 T 与粉磨时间的关系。

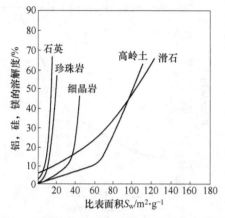

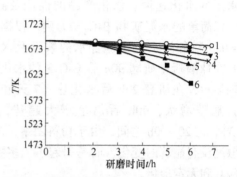

图 4-10　硅酸盐矿物的溶解度与物料比表面积的关系　　图 4-11　试样的熔融温度 T 与研磨时间的关系

1~6—不同研磨条件和化学组成的试样

c　阳离子交换容量

部分硅酸盐矿物，特别是膨润土、高岭土等一些黏土矿物，经细磨或超细研磨后阳离子交换容量发生明显变化。

图 4-12 所示是机械研磨对膨润土离子交换反应的影响。随着研磨时间的延长，离子交换容量（Γ）在增加到 0.525mmol/g 后呈下降趋势，而钙离子交换容量（Ca_Γ）则随研磨时间的延长不断下降，研磨产品的电导率 γ 及 Ca^{2+} 周围配位的水分子数（H_2O/Ca^{2+}）则在开始时随研磨时间的延长急剧下降，达到最低值后基本上不再变化。

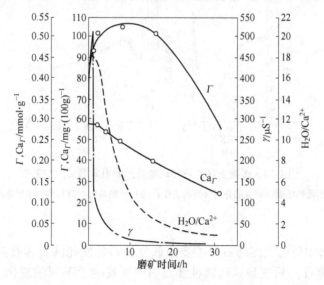

图 4-12　膨润土的阳离子交换容量及其他性能随磨矿时间的变化

除膨润土、高岭土、沸石之外，其他如滑石、耐火黏土、云母等的离子交换容量也在细磨或超细磨后发生程度不同的变化。

d　水化性能和反应活性

正如 X 射线及热分析所示，延长研磨时间导致水泥及水泥矿物晶体结构的变化，这些变化影响水泥的水化速度、水化产品的性能及凝结过程。以简单的水泥矿物 β-C$_2$S 为例，根据以水/固 = 0.4 制备的浆体中键合水的数量及水化热，研究在球磨机中研磨 90h 后 β-C$_2$S 的水化性能。结果显示，在研磨 20h 后水化热（7 天和 28 天值）显著增大，90h 后仍呈增大趋势（见图 4-13）。在 20~90h 之间，由于粉料团聚，产品的分散度没有显著的变化，而是引起了大多数晶格的破坏和无定形化。

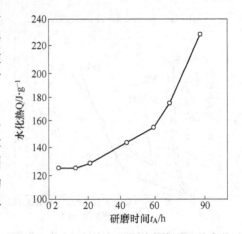

图 4-13　β-C$_2$S 的水化热随研磨时间的变化

通过细磨可以提高氢氧化钙材料的反应活性，这在建筑材料的制备中是非常重要的。因为这些材料对水化作用有惰性或活性不够。例如，火山灰的水化活性及与氢氧化钙的反应活性开始时几乎为零，但是将其在球磨机或振动磨中细磨后可提高到几乎与硅藻土相近。机械激活后的火山灰以适当的比例与熟石灰或水泥混合可用于制备黏结或粉刷砂浆，有时还可制备特殊用途的混凝土。

e　电性

细磨或超细磨还影响矿物的表面电性和介电性能。图 4-14 所示为经不同热处理温度和研磨时间后膨润土的相对介电常数的变化。

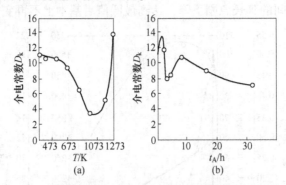

图 4-14　膨润土在加热和研磨后的介电常数 D_k 的变化

(a) 不同热处理温度后的介电常数的变化；(b) 不同研磨时间后的介电常数的变化

f　密度

在行星球磨机中研磨天然沸石（主要由斜发沸石、发光沸石和石英组成）和合成沸石（主要为发光沸石）后发现，这两种沸石的密度发生了不同的变化。如图 4-15 所示，随着磨矿的进行，开始时天然沸石的密度下降，至 120min 左右达到最小值，此后，随磨矿时间的延长略有提高，但仍低于原矿；合成沸石则在短时间的密度下降之后，随着研磨时间的延长，密度提高，研磨 240min 后，样品的密度值高于未研磨的样品。

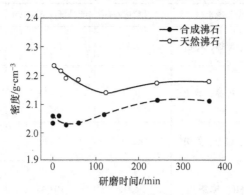

图 4-15　天然和合成沸石的密度随研磨时间的变化

4.1.5　超细粉碎设备

迄今为止的超细粉碎方法主要是机械力方法。

超细粉碎设备的主要类型有气流磨、高速机械冲击磨、搅拌球磨机、研磨剥片机、砂磨机、振动球磨机、旋转筒式球磨机、行星式球磨机、塔式磨、旋（飓）风自磨机、高压辊（滚）磨机、高压水射流磨机、胶体磨等。

表 4-2 列出了上述各类超细粉碎设备的粉碎原理、给料粒度、产品细度及应用范围。

表 4-2　超细粉碎设备类型及其应用

设备类型	粉碎原理	给料粒度/mm	产品细度 d_{97}/μm	应用范围
气流磨	冲击、碰撞	<2	3~45	化工原料、精细磨料、精细陶瓷原料、药品及保健品、金属及稀土金属粉、高附加值非金属矿等
高速机械冲击磨	打击、冲击、剪切	<10	8~45	化工原料、中等硬度以下非金属矿及陶瓷原料、药品及保健品等
旋风自磨机	冲击、碰撞、剪切、摩擦	<40	10~45	化工原料、中等硬度以下非金属矿及陶瓷原料、药品及保健品等
振动球磨机	摩擦、碰撞、剪切	<5	2~74	化工原料、精细陶瓷原料、各种硬度非金属矿、金属粉、水泥等
搅拌球磨机	摩擦、碰撞、剪切	<1	2~45	化工原料、精细陶瓷原料、各种硬度非金属矿、金属粉、水泥等
旋转筒式球磨机	摩擦、冲击	<5	5~74	化工原料、精细陶瓷原料、各种硬度非金属矿、金属粉、水泥等

设备类型	粉碎原理	给料粒度/mm	产品细度 d_{97}/μm	应用范围
行星式球磨机	压缩、摩擦、冲击	<5	5~74	各种硬度非金属矿、化工原料、精细陶瓷原料等
研磨剥片机	摩擦、碰撞、剪切	<0.2	2~20	化工原料、涂料和造纸颜料、填料、精细陶瓷原料、各种硬度非金属矿等
砂磨机	摩擦、碰撞、剪切	<0.2	1~20	各种硬度非金属矿、化工原料、精细陶瓷原料等
高压辊磨机	挤压、摩擦	<30	10~45	涂料和造纸原料及填料、中等硬度以下陶瓷原料和非金属矿等
高压水射流磨机	冲击、碰撞	<0.5	10~45	各种硬度非金属矿、化工原料、精细陶瓷原料等
高压均浆机	空穴效应、湍流、剪切	<0.03	1~10	食品、药品、涂料、颜料、轻化工原料
胶体磨	摩擦、剪切	<0.2	2~20	化工原料、涂料、石墨、云母等非金属矿、蔬菜、水果等食品和保健品等

4.1.5.1　水平圆盘式气流磨

水平圆盘式气流磨，又称之为扁平式气流粉碎机，是工业上应用最早的气流粉碎设备。如图4-16所示，这种气流粉碎机主要由进料系统、进气系统、粉碎、分级及出料系统等组成。座圈和上下盖用C型快卸夹头紧固，形成一个空间即为粉碎-分级室（靠近座圈内壁为粉碎区域，靠近中心管为分级区域）。工质（压缩空气、过热蒸汽或其他惰性气体）由进料喷气口进入座圈外侧的配气管。工质在自身压强作用下，通过切向配置在座圈四周的数个喷嘴（超音速拉瓦尔喷嘴或音速喷嘴）产生高速喷射流与进入粉碎室内的物料碰撞。一般在上下盖及座圈内壁安装有不同材质制成的内衬以满足不同物料粉碎的需要。

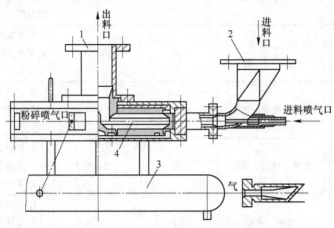

图 4-16　水平圆盘式气流磨的结构

1—出料系统；2—进料系统；3—进气系统；4—粉碎腔

由料斗、加料喷嘴和文丘里管组成的加料喷射器作为加料装置。料斗中的物料被加料喷嘴射出来的喷气流引射到文丘里管，在文丘里管中物料和气流混合并增压后进入粉碎室。已粉碎的物料被气流带到中心阻管处并越过阻管轴向进入中心排气管向上（或向下）进入捕集装置。

水平圆盘式气流磨以冲击粉碎为主，同时进行磨碎和剪碎，并带有自分级功能。图 4-17为水平圆盘式气流磨工作原理示意图，图 4-18 为 QS 型圆盘式气流粉碎机工艺装置。

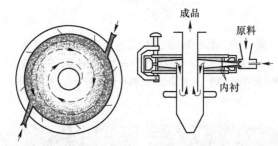

图 4-17　水平圆盘式气流磨工作原理示意图

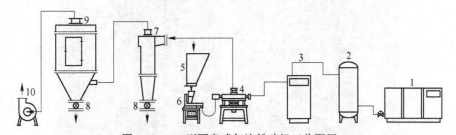

图 4-18　QS 型圆盘式气流粉碎机工艺配置

1—空压机；2—储气罐；3—空气冷冻干燥器；4—气流粉碎机；5—料斗；
6—电磁振动加料器；7—旋风集料器；8—星形回转阀；9—布袋捕集器；10—引风机

由于各喷嘴的倾角都是相等的，所以各喷气流的轴线切于一个假想的圆周，这个圆周称为分级圆。整个粉碎-分级室被分级圆分成两部分，分级圆外侧到座圈内侧之间为粉碎区，内侧到中心排气管之间为分级区。

在粉碎区内物料受到喷嘴出口处喷气流极高速度的冲击，具有一定速度的颗粒互相冲击碰撞，达到粉碎的目的。

相邻两喷气流之间的工质形成若干强烈旋转的小旋流，在小旋流中物料进行激烈的冲击、摩擦。由于喷气流和小旋流的激烈运动，处于工质中的物料高度的湍流运动，颗粒以不同的运动速度和运动方向以极高的碰撞概率互相碰撞而达到粉碎的目的。还有部分颗粒与粉碎内壁发生碰撞，由于冲击和摩擦而被粉碎，这部分颗粒约占总量的 20%。

在粉碎机内的工质喷气流既是粉碎的动力，又是分级的动力。被粉碎物料由主旋流带入分级区以层流的形式运动而进行分级。大于分级粒径的颗粒返回粉碎区继续粉碎而小于分级粒径的颗粒随气流进入中心排气管排出机外。

4.1.5.2　循环管式气流磨

图 4-19 为循环管式气流磨的结构及工作原理示意图，图 4-20（a）和（b）分别为 JOM 和 QON 循环管式气流粉碎机外形。

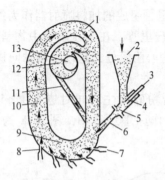

图 4-19　循环管气流磨的结构及工作原理示意图

1——一级分级腔；2——进料口；3、7——压缩空气；4——加料喷射器；5——混合室；6——文丘里管；
8——粉碎喷嘴；9——粉碎腔；10——上升管；11——回料通道；12——二级分级腔；13——产品出口

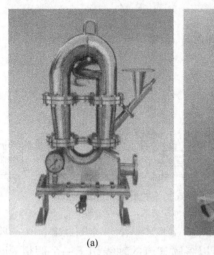

(a)　　　　　　　　　　　　(b)

图 4-20　循环管式气流磨外形

(a) JOM 型；(b) QON 型

　　循环管式气流磨主要由机体、机盖、气体分配管、粉碎喷嘴、加料系统、连接不锈钢软管、接头、分级导叶、混合室、加料喷嘴、文丘里管等组成。

　　压力气体通过加料喷射器产生的高速射流使加料混合室内形成负压，将粉体原料吸入混合室并被射流送入粉碎腔。

　　粉碎、分级主体为梯形截面的变直径、变曲率"O"形环道，在环道的下端有数个喷嘴有角度地向环道内喷射高速射流的粉碎腔，在高速射流的作用下，使加料系统送入的颗粒产生激烈的碰撞、摩擦、剪切、压缩等作用，使粉碎过程在瞬间完成。

　　被粉碎的粉体随气流在环道内流动，其中的粗颗粒在进入环道上端由逐渐增大曲率的分级腔中由于离心力和惯性力的作用被分离，经下降管返回粉碎腔继续粉碎，细颗粒随气流与环道气流成 130°夹角逆向流出环道。

　　流出环道的气固二相流在出粉碎机前以很高的速度进入一个蜗壳形分级室进行第二次

分级，较粗的颗粒在离心力作用下分离出来，返回粉碎腔；细颗粒随气流通过分级室中心出料孔排出粉碎机进入捕集系统进行气固分离。

循环管式气流粉碎机的主要粉碎部位是加料喷射器和粉碎腔。

加料口下来的原料受到加料喷射器出来的高速气流冲击使粒子不断加速，由于粒子粗细不匀，造成在气流中运动速度不同，因而使粒子在混合室与前方粒子冲撞造成粉碎，这部分主要是对较大颗粒进行粉碎。

粉碎腔是整个粉碎机的主要粉碎部位。气流在喷射口以高的速度向粉碎室喷射，使射流区域的粒子激烈碰撞造成粉碎，在两个喷嘴射流交叉处也对粉体冲击形成粉碎作用。此外，旋涡中每一高速流周围产生低压区域，形成很强的旋涡，粉末在旋涡中运动速度非常大，相互激烈摩擦造成粉碎。图 4-21 为循环管式气流磨的工艺流程配置。

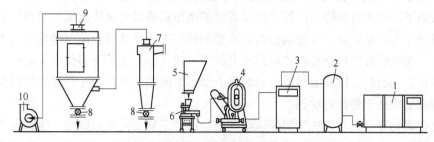

图 4-21　循环管式气流磨的工艺流程配置

1—空压机；2—储气罐；3—冷冻式压缩空气干燥器；4—QON 循环管式气流粉碎机；5—振动料仓；
6—螺杆加料器；7—旋风分离器；8—星形转阀；9—布袋捕集器；10—风机

4.1.5.3　流化床逆向喷射气流磨

图 4-22 是两种不同给料方式的流化床逆向喷射气流磨的结构及工作原理示意图。工

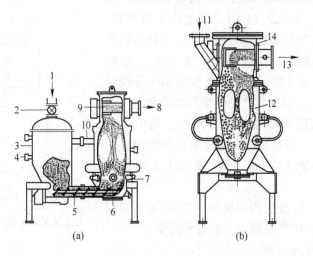

(a)　　　　　　　　　　　　(b)

图 4-22　流化床逆向喷射气流磨的结构

（a）底部螺旋加料式；（b）上部直接加料式

1—进料口；2—星形阀；3—料仓；4—料位控制器；5—螺旋加料器；6—粉碎室；
7—喷嘴；8—出料口；9—分级机；10—连接管；11—原料入口；12—粉碎室；13—产品出口；14—分级室

作时，物料通过星形阀给入料仓，螺杆加料器将物料送入粉碎室，或如图 4-22（b）所示，直接给入粉碎室内。压缩空气通过粉碎喷嘴急剧膨胀，加速产生的超音速喷射流在粉碎室下部形成向心逆喷射流场，在压差的作用下使磨室底部的物料流态化，被加速的物料在多喷嘴的交汇点汇合，产生剧烈的冲击、碰撞、摩擦而粉碎，如图 4-23 所示，经粉碎的物料随上升的气流一起运动至粉碎室上部的一定高度，粗颗粒在重力的作用下，沿磨室壁面回落到磨室下部，细粉随气流一起运动到上部的涡轮分级机。在高速涡轮所产生的流场内，粗颗粒在离心力作用下被抛向筒壁附近，并随失速粗粉一起

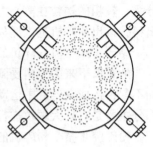

图 4-23　粉碎室内多喷嘴的交汇示意图

回落到磨室下部再进行粉碎，而符合细度要求的微粉则通过分级片流道，经排气管输送至旋风分离器作为产品收集，少量微粉由袋式捕集器作进一步气固分离，净化空气由引风机排出机外。连接管可使料仓与粉碎室的压力保持一致。料仓上、下料位由精密料位传感器自动控制星形阀给料，粉碎室料位由分级机上动态电流变送器自动控制螺杆加料器进料速度，使粉碎始终处于最佳的状态。

该机在涡轮分级机与排气管间的运动间隙处设计了特别的气封结构，粗颗粒不会经间隙混入微粉中，从而保证了产品粒度完全由涡轮的转速进行控制，而涡轮的转速由控制台中的变频器控制，所以，产品的粒度可在最大限度内任意调节，确保了超微分级的精密性和准确性，同时在涡轮分级机传动结构上设计了特殊的气封隔离装置，可靠地防止了微粉进入轴承，从而克服了高速轴承磨损问题。

流化床式气流粉碎机有单筒体和双筒体两种结构形式，单筒体物料由上筒体侧面的斜溜管依靠物料的自重落入粉碎室（图 4-22（b）），较适用于重物料。双筒体实际上是在单筒体旁附加一料斗，物料由料斗底部的螺旋加料器加入粉碎室（图 4-22（a）），较适用于轻物料。该机也可在一个筒身上安装多个分级叶轮，如图 4-24 所示，以提高产品的细度或产量。

流化床式气流磨的喷嘴有多种形式，其中 AFG 型喷嘴为水平布置，AFG-R 型在粉碎室底部增设了一个喷管，上面的喷管倾斜安装，对不易流化的物料较适用。

图 4-25 和图 4-26 分别为单筒体（QLD 型）和双筒体（QL 型）流化床气流磨的工艺流程配置。

4.1.5.4　靶式气流磨

早期的靶式气流粉碎机又称单喷式气流磨。在这类气流粉碎机中，物料的粉碎方式是颗粒与固定板（靶）进行冲击碰撞。固定板（靶）一般用坚硬的耐磨材料制造并可以拆卸和更换。

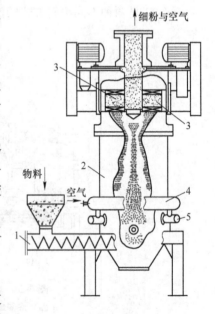

图 4-24　多分级叶轮流化床式气流磨
1—螺旋加料器；2—粉碎室；
3—分级叶轮；4—空气环形管；5—喷嘴

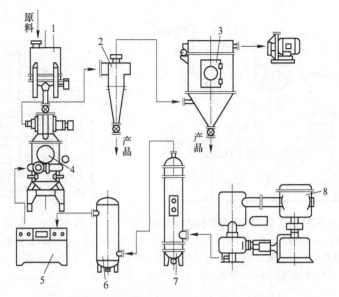

图 4-25　QLD 型流化床式气流磨工艺流程配置

1—振动料仓；2—旋风分离器；3—筒式捕集器；4—气流粉碎机；

5—冷冻式干燥器；6—储气罐；7—后冷却器；8—空气压缩机

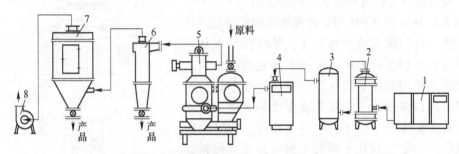

图 4-26　QL 型流化床式气流磨工艺流程配置

1—压缩机；2—后冷却器；3—储气罐；4—空气冷冻干燥器；

5—气流粉碎机；6—旋风分离器；7—布袋捕集器；8—离心机

　　图 4-27 所示为 QD400 型塔靶式气流磨的结构示意图，它主要由给料机、喷射泵、塔靶及气室、喷嘴、反射靶、分级室、分级机、变频调速器及定容式风机等构成。其中塔靶置于多喷嘴对喷的中心部位，构成保持物料沸腾的粉碎室。物料在高速气流的对喷及反射靶的冲击力作用下被粉碎。粉碎后的物料经过分级室的惯性重力分离和上部的离心分级控制排料的细度。

4.1.5.5　间歇式搅拌磨

　　图 4-28 所示为间歇式 ZJM 型搅拌球磨机的结构和工作原理示意图。ZJM 型搅拌球磨机的结构包括电机、减速机、机架、搅拌轴、磨筒、搅拌臂、配电系统、蜗轮副系统等部分。其工作原理为：在主电机动力驱动下，搅拌轴带动搅拌臂高速运动致使磨筒内的介质球与被磨物料做无规则运动；介质球和物料之间发生相互撞击、剪切和摩擦，从而实现对物料的超细粉磨。其研磨作用主要发生在研磨介质与物料之间。

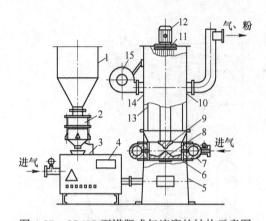

图 4-27　QD400 型塔靶式气流磨的结构示意图

1—料斗；2—给料机；3—喷射泵；4—激振控制仪；5—机座；6—底衬；
7—气包；8—塔靶；9—反射靶；10—出料管；11—分级转子；
12—电机；13—内隔筒；14—沉降室；15—二次风机

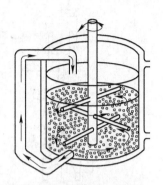

图 4-28　间歇式 ZJM 型
搅拌球磨机的结构
及工作原理示意图

4.1.5.6　连续式搅拌磨

连续式搅拌磨根据结构形式可分为立式和卧式两种，根据作业方式可分为干法和湿法。

图 4-29 所示为 WPM 型立式湿法连续搅拌磨的结构示意图。与间歇式搅拌磨相比，其结构特点是研磨筒体高且在研磨筒内壁上安装有固定臂。立式连续搅拌磨多采用圆盘式搅拌器。其工作过程是料浆从下部给料口泵压给入，在高速搅动的研磨介质的摩擦、剪切和冲击作用下，物料被粉碎。粉碎后的细粒浆料经过溢流口从上部的出料口排出。物料在研磨室的停留时间通过给料速度来控制。给料速度越慢，停留时间越长，产品粒度就越细。

矿浆由进料泵从筒底进入研磨筒内，筒内装有一定量的研磨介质，由传动机构带动搅拌器高速旋转，通过磨盘的强力搅拌分散，使浆料与研磨介质之间产生强烈的挤压、撞击、碾磨、剪切及高压力，浆料中的颗粒被磨细，成品料浆向上经筛网过滤，由出料口流出。调节给料速度或出料口的流量来调节物料在磨机内的停留时间，从而调节产品细度和粒度分布。

图 4-30 所示为 DM 型卧式湿法连续搅拌磨的结构。这种搅拌磨的结构特点：一是独特的盘式搅拌器消除了磨机在运转时的抖动并使研磨介质沿整个研磨室均匀分布，从而提高了研磨效率；二是采用

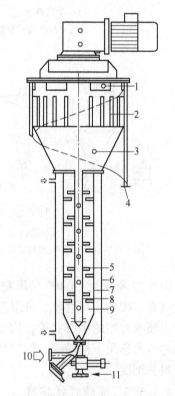

图 4-29　WPM 型立式连续搅拌磨的
结构示意图

1—溢流口；2—叶片；3—磨矿介质存放室；
4—成品料浆出口；5—研磨室；6—冷却夹套；
7—磨筒；8—搅拌轴；9—固定臂；
10—给料口；11—放料阀

动力介质分离筛消除了介质对筛的堵塞及筛面磨损。图 4-31 为 SM-1000 型卧式搅拌磨的外形。

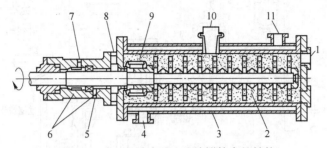

图 4-30　DM 型卧式湿法连续搅拌磨的结构

1—给料口；2—搅拌器；3—筒体夹套；4—冷却水入口；5—密封液入口；6—机械密封件；
7—密封液出口；8—产品出口；9—旋转动力介质分离筛；10—介质入孔；11—冷却水出口

图 4-31　SM-1000 型卧式搅拌磨的外形

图 4-32 所示为典型的三机串联连续湿式搅拌磨工艺配置。工艺主要由三级湿式搅拌磨及其相应的储浆罐组成。原料（干粉）经调浆桶 1 添加水和分散剂调成一定浓度或固液比的浆料后给入储浆罐 2，通过储浆罐 2 泵入搅拌磨 3 中进行研磨；经搅拌磨 3 研磨后的料浆经分离研磨介质后给入储浆罐 4 泵入搅拌磨 5 中进行第二次（段）研磨；二次研磨后的料浆经分离研磨介质后进入储浆罐 6，然后泵入搅拌磨 7 中进行第三次（段）研磨；经第三次研磨后的料浆进入储浆罐 8 并经磁选机 9 除去铁质污染及含铁杂质后进行浓缩。如果该生产线建在靠近用户较近的地点，可直接通过管道或料罐送给用户；如果较远，则将浓缩后的浆料再进行干燥脱水，然后进行解聚（干燥过程中产生的颗粒团聚体）和包装。

三机串联连续湿式搅拌磨生产工艺只是个例。研磨段数的选择要依给料粒度和对产品细度的要求而定。因此，在实际中，根据给料粒度和对产品细度的要求不同，有单机连续、二机串联或多机串联等工艺配置方式。

4.1.5.7　塔式磨

塔式磨的结构如图 4-33 所示，主要由机体、搅拌螺旋、驱动装置和塔内研磨介质四部分组成。

塔式磨机体为一焊接筒体，内壁附有保护衬里；筒体上开有能安装整个搅拌螺旋的大

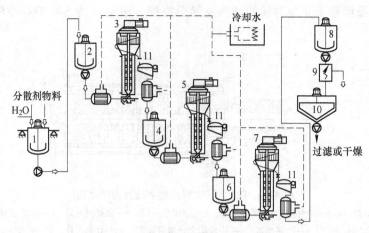

图 4-32 三机串联连续湿式搅拌磨工艺

1—调浆桶；2, 4, 6, 8—储浆罐；3, 5, 7—搅拌磨；9—磁选机；10—矿浆浓缩机；11—介质分离筛

门，便于搅拌螺旋的维护和对搅拌介质的更换。

搅拌螺旋一般由螺旋体、螺旋体上的抗磨衬面及底边螺旋叶片组成；有些搅拌螺旋也可用耐磨材料整体制造或将抗磨材料焊在螺旋体上。

驱动装置包括电动机、减速机、搅拌螺旋支承系统等。对有特殊要求的塔式磨还包括辅助启动系统等。

塔内介质包括粉碎介质和粉碎产品输送介质。粉碎介质一般为耐磨钢球，球径较卧式球磨机用球小；也可以是玻璃球、陶瓷球。对于有特殊纯度要求的使用场合，粉碎介质还可以是较被粉碎物粒度尺寸稍大的粉碎物原料。粉碎产品输送介质有干式和湿式之分，因此塔式磨分为干式塔式磨和湿式塔式磨。干式塔式磨内输送介质一般为空气，对易氧化的物料可采用保护气体。湿式塔式磨内输送介质一般为水，也可以是油或其他液体。

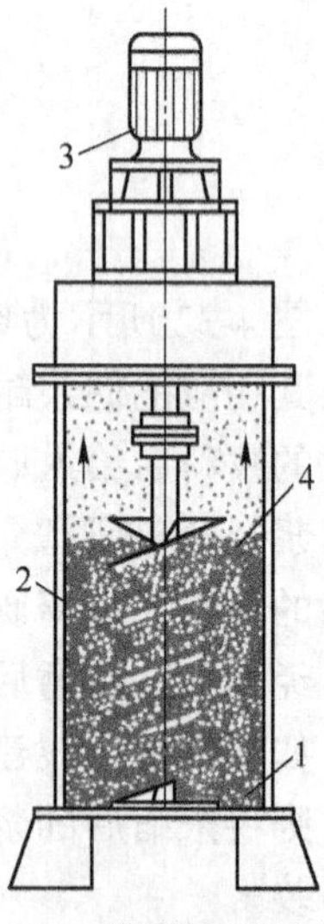

塔式磨的工作原理为低速旋转的搅拌螺旋运转过程中，由于离心力、重力、摩擦力的作用造成粉碎介质与物料实现有序方式的运动循环和宏观上的受力基本平衡，在螺旋搅拌内为小于提升速度的螺旋式上升，在内衬与螺旋外缘间为螺旋式下降。然而，在微观上，由于其受力的不均匀性形成动态的运动速差、受力变化，造成物料被强力挤压、研磨以及物料之间的受力折断、微剪切、劈碎等综合作用。合格细度物料的输送则是随输送介质上升，其运动过程如图 4-34 所示，并进行内部分级后从塔式磨机体上部自由流出。

图 4-33 塔式磨的基本结构及工作原理示意图

1—机体；2—搅拌螺旋；3—驱动装置；4—研磨介质

塔式磨的工作原理还表现在粉碎介质与物料之间的充实度高，球与球、球与塔式磨衬里及搅拌螺旋体的碰撞很少；整个转动部分在宏观上受力的平衡处理使支承系统受力很小，轴承的能耗也很小，细物料总是较粗物料容易到达排料口附近，较易实现粉碎过程的内部分级，过粉碎现象大为减少。另外，塔式磨的内部分级和外配分级系统较容易匹配，可以生产出粒度分布很窄的粉体产品。

塔式磨的工作原理属于搅拌磨类别，但塔式磨的转速较其他搅拌磨低，加之搅拌介质为有序滚动，因此塔式磨也适合制成较大的规格，以满足大规模生产的需要。

4.2　精　细　分　级

4.2.1　精细分级基本理论

精细分级是根据不同粒度和形状的微细颗粒在介质（如空气或水中）所受的重力和介质阻力不同、具有不同的沉降末速来进行的。分级可以在重力场中进行，也可以在离心力场中进行。其基本原理是层流状态下的斯托克斯定律。

在重力场中，微细球形颗粒在介质中沉降时所受的介质阻力为：

$$F_n = 3\pi\eta dv \tag{4-34}$$

式中，η 为介质黏度；d 为颗粒的直径；v 为颗粒的沉降速度。

颗粒所受的重力为：

$$F_g = \frac{\pi}{6}d^3(\delta - \rho)g \tag{4-35}$$

式中，δ、ρ 为颗粒物料及介质的密度；g 为重力加速度；d 为颗粒的直径。

设颗粒在介质中自由沉降。在沉降过程中颗粒的沉降速度逐渐增大，随之而来的反向介质阻力也增大，但是颗粒的重力是一定的，于是随着阻力的增加，沉降加速度降低。最后，当颗粒所受的重力与介质阻力 F_s 相平衡时，沉降速度保持一定。此后，颗粒即以该速度继续沉降，该速度称之为沉降末速 v_0。

由 $F_g = F_s$，即得沉降末速为：

$$v_0 = \frac{d^2}{18\mu}(\delta - \rho)g \tag{4-36}$$

式（4-36）即为微细颗粒的沉降末速公式，称之为斯托克斯公式。

式（4-36）表明，当被分级的物质一定，所采用的介质一定（即 δ、ρ、η 一定）时，沉降末速只与颗粒的直径大小有关。因此，根据不同直径的颗粒的末速差异，可对粒度大小不同的颗粒进行分级。式（4-36）是基于假设流场为层流，颗粒呈球形，在介质中是以自由沉降形式进行。这些与实际情况都有较大差异。

对于超细颗粒来说，更重要的是其颗粒极细，粒径之间的差异极小，因而对重力之差及末速之差影响极小。因此，靠简单的重力场作用很难使超细颗粒进行快速精确高效分级，所以必须借助其他力场以达到较好的分级效果。在研究中发现，采用离心力场可以对超细颗粒进行较好分级，也可将这两种力场综合利用。

当被分级的物质、介质及颗粒的粒径都相同时，要提高颗粒的沉降末速度，关键是要提高重力加速度 g。由物理学知识可知，采用离心力可使加速度达到数十个至数百个 g，有时甚至可达数千个 g。颗粒在离心力场中的离心加速度 a 可用下式表示：

$$a = r\omega^2 = \frac{v_t^2}{r} \tag{4-37}$$

式中，ω 为颗粒的旋转角速度，rad/s；v_t 为颗粒的切向速度，m/s；r 为颗粒的旋转半径，m。

颗粒在离心力场中所受到的离心力 F_c 为：

$$F_c = \frac{\pi d^3}{6}(\delta - \rho)\omega^2 r \tag{4-38}$$

式（4-38）表明，对于一定的颗粒及一定的介质，其受到的离心力随旋转半径 r 和旋转角速度 ω 增大而增大，ω 的增大效果最明显。

在离心沉降过程中，对于同一颗粒所受到介质的阻力 F_p 为：

$$F_p = k\rho \cdot d^2 v_r^2 \tag{4-39}$$

式中，k 为阻力系数；v_r 为颗粒的径向运动速度，m/s。

当介质的阻力与离心力达到平衡时，颗粒在离心力场中的沉降速度达到最大值且为衡速，可由下列过程导出。

因为 $F_c = F_p$，代入式（4-39）可得出：

$$(\delta - \rho)\frac{\pi d^3}{6} \cdot \frac{v_t^2}{r} = k \cdot \rho \cdot d^2 v_{or}^2 \tag{4-40}$$

当颗粒极细时，可采用斯托克斯阻力公式近似代替，即

$$k \cdot \rho \cdot d^2 \cdot v_{or}^2 \approx 3\pi\eta \cdot dv_{or} \tag{4-41}$$

代入上式得：

$$v_{or} = \frac{d^2 \cdot \omega^2 r}{18\eta}(\delta - \rho) \tag{4-42}$$

从式（4-42）可以看出，当被分级的物质一定，介质一定，介质的黏度一定，离心加速度或分离速度一定时，颗粒的离心沉降速度只与颗粒的直径大小有关，因而可采用离心力场根据颗粒离心沉降速度的不同，对粒径大小不同的颗粒进行分级。式（4-42）也说明，当被分级的物料及介质的各种特性一定时，提高颗粒的离心沉降速度的关键是提高离心加速度 a 或分离速度。

以上是当前超细粉体领域大规模工业化应用的主要分级方法所依据的主要理论基础和分级原理。

4.2.2　精细分级的基本原理

4.2.2.1　分级粒径

分级粒径或切割粒径，又称中位分离点，是衡量分级机技术性能的一个重要指标之一。

图 4-34 中曲线 a 是粉体原料的粒度分布曲线，曲线 b 是分级后粗粒级物料的粒度分布曲线。设粒度 d 和 Δd 之间的原料质量为 m_a，粗粒级物料的质量为 m_b。此外，按相同粒度计算 m_b/m_a 值，绘制曲线 c。c 曲线称为部分分级效率曲线。该曲线中纵坐标 50% 所对应的横坐标上的颗粒粒度 d_c 称为分级粒径或分级粒度。

图 4-35 所示纵坐标为累积产率，横坐标为粒度。曲线 1 是分级后细产品中的粗粒累积产率；曲线 2 是粗产品中的细粒累积产率。两条曲线的交点 c 所对应的横坐标规定为分级粒径 d_T。由于这种曲线纵坐标表示的是错误粒级（细产品中的粗粒级和粗产品中的细

粒级）的累积含量，因此也称误差粒级累积曲线。

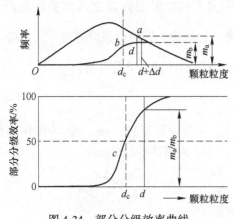

图 4-34　部分分级效率曲线

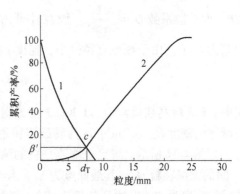

图 4-35　误差粒级累积曲线

由于分级效率，粗产品中夹杂一些细粒级物料，细产品中夹杂一些粗粒级物料。但较粗的粒级主要集中于粗产品中，较细的粒级主要集中于细产品中。各粒级在粗或细产品中的分配率，分别称为在粗产品和细产品中的分配率。

图 4-36 所示即为根据各粒级在粗产品中的分配率绘制的分配曲线。粒度大于 d_T 的各粒级，在粗产品中的分配率大于 50%，即主要集中于粗产品中；粒度小于 d_T 的各粒级，在粗产品中的分配率小于 50%，主要集中于细产品中；粒度为 d_T 或与 d_T 接近的粒级的物料，则进入粗或细粒级产品中的分配率各占一半。

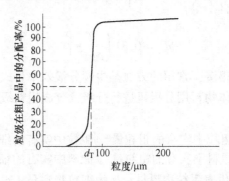

图 4-36　沉降离心机悬浮液和分离液中固相粒度分布曲线

4.2.2.2　沉降分级极限

在一定的力场（重力或离心力）中，当固体颗粒小到某一程度而不能被分离时，称为沉降分离的极限。

悬浮于液体中的高度分散的微细固相颗粒能长时间在重力场甚至离心力场中保持悬浮状态而不沉降。根据胶体化学原理，这个现象可解释为由于微细粒子的布朗运动必然出现的扩散现象，即微细颗粒能自发地从浓度高处向低处扩散。作用在高度分散的微细颗粒上的重力或离心力被由浓度梯度所产生的"渗透"压力所平衡。这时，在某一瞬间经单位沉降面积所沉降的质量，等于由于浓度梯度向反方向扩散运动的质量，因此，可以采用布朗运动和扩散现象的规律来确定极限颗粒的直径。

在扩散过程中，颗粒在时间 t 内的平均位移距离 h 和扩散系数 D 之间的关系为 $h^2 = 2Dt$，而扩散系数 $D = \dfrac{kT}{6\pi\eta d}$。设在时间 t 内，在离心力场中，颗粒以沉降速度 v 所沉降的距离为 $h = vt$。由于颗粒直径很小，速度 v 按斯托克斯公式计算。于是可得：

$$h = \frac{6kT}{\pi d^3\,\Delta\rho\omega^2 r} \tag{4-43}$$

式中，k 为玻耳兹曼常数，J/K；T 为绝对温度，K；d 为颗粒直径，cm；$\Delta\rho$ 为固体颗粒与液体的密度差，g/cm^3；ω 为转鼓回转角速度，s^{-1}；r 为回转半径，cm。

如图 4-37 所示，设已沉降到鼓壁的两颗粒 O_1 和 O_2 间的微细颗粒 O_3，其最低点为 h_1。若其布朗运动的扩散距离为 h，当达到位置 h_2 时，则将从两颗粒间逸去而不沉降下来。按这种临界条件取 $d = 0.6d_0$，则从图 4-38 中的几何关系可算得 $h = 0.293d$。将 h 的值代入式（4-43），可得极限颗粒直径（d_L）的计算公式：

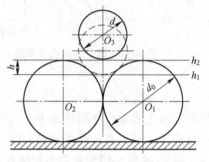

$$d_L = 1.6\left(\frac{kT}{\Delta\rho F_r g}\right)^{\frac{1}{4}} \tag{4-44}$$

图 4-37 已沉降到鼓壁上的颗粒的位置

式中，F_r 为离心机的离心分离因素，$F_r = \dfrac{\omega^2 r}{g}$。

将 k 及 g 代入式（4-44）得：

$$d_L = 0.31\left(\frac{T}{\Delta\rho F_r}\right)^{\frac{1}{4}} \tag{4-45}$$

表示分级效率的方法很多，常用的方法是牛顿分级效率公式。

将某一粒度分布的粉体物料用分级机进行分级，分成粗粒级和细粒级两部分，则牛顿分级效率的计算方法为：

$$\eta_n = \frac{粗粒中实有的粗粒量}{原料中实有的粗粒量} - \frac{粗粒中实有的细粒量}{原料中实有的细粒量}$$

设 F 代表原料量；Q 代表粗粒物料量；U 为细粒物料量；a、b、c 分别为原料、粗粒物料和细粒物料中实有的粗粒级物料的含量，则有：

$$F = U + Q$$

$$Fa = Uc + Qb$$

$$\eta_n = \frac{Qb}{Fa} - \frac{Q(1-b)}{F(1-a)}$$

$$\eta_n = \frac{(a-c)(b-a)}{a(1-a)(b-c)}$$

相当于分配率为 75% 和 25% 的粒度 d_{75} 和 d_{25} 也可以用来表示分级效率，如用 E_T 表示偏差度，则有：

$$E_{\mathrm{T}} = \frac{d_{75} - d_{25}}{2}$$

在实际的设备选型比较中，可用小于某一粒度细粉的提取率来衡量或表示分级效率，如以 η_{n} 表示细粉提取率（％），Q 为单位时间内分级机的处理量或给料量，q 为给料中小于某一指定粒度的粒级含量，F 为单位时间内分级机分出的细产品产量，f 为细产品中小于某一指定粒度的粒级含量，则有：

$$\eta_{\mathrm{n}} = \frac{F \cdot f}{Q \cdot q} \times 100\%$$

4.2.3 精细分级设备

4.2.3.1 LHB 型气流分级机

LHB 型分级机由进料控制系统，分级机主机、旋风收集系统、布袋收集器及引风机等部分组成，如图 4-38 所示。

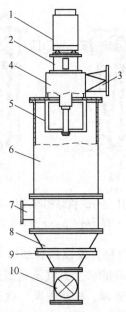

图 4-38 LHB 型涡轮式精细分级机

1—电机；2—电机底座；3—出料口；4—蜗壳；5—分级轮；6—分级筒；
7—进料口；8—料仓；9—二次风系统；10—星形排料阀

LHB 型气流分级机的典型工艺配置如图 4-39 所示。

4.2.3.2 FJJ 型分级机

FJJ 型分级机是卧式涡轮转子型分级机，类似于德国的 ATP 型。其结构见图 4-40，主要分为上下两部分。上部分用涡轮转子分离细粉，在涡轮转子产生的流场条件下，物料中的粗粉按着所设定的切割点分离。粗粉被反弹掉入下部粗粉分离仓，细粉进入涡轮转子，经输粉管路进入细粉收集装置（旋风分离器或过滤器）。粗粉向下掉入粗粉分离仓，又在 A 处受到强烈清洗，其中含有的细粉于中央区间由上升气流带入上部细分离区，对细粉再

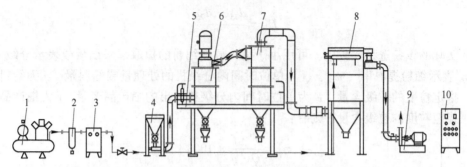

图 4-39 LHB-N 型气流分级机的工艺配置

1—空气压缩机；2—过滤除油器；3—冷干机；4—分级进料系统；5—工作平台；
6—分级机；7—旋风收集器；8—布袋收集器；9—风机；10—控制柜

次分离。粗粉沿侧壁掉下，排出分级机。B 处进风口对物料起上托作用，使细物料能够被送入细粉分级机。

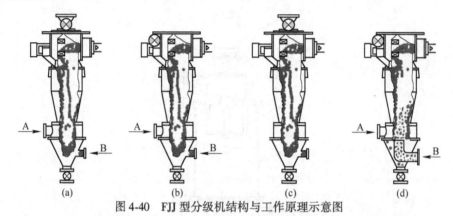

图 4-40 FJJ 型分级机结构与工作原理示意图

（a）上部下料式；（b）中部下料式；（c）标准设计型；（d）气送料方式

图 4-40（a）为上部下料式，物料直接投入到细粉分级区，进行粗细粉分离。携带部分细粉的粗粉被分级涡轮反弹后，有的被上升气流送回到细粉分级区，有的沿侧壁掉入粗粉分级区，对粗粉进行两次（A 处进风、B 处进风）强烈清洗。此结构形式相对于其他两种具有更高的分级效率，在相同规格下也有更高的处理量。缺点是安装结构较高，需要较高的厂房空间。图 4-40（b）为中部下料方式，物料进入分级机后由上升气流将物料带入细粉分级区。此结构同样规格的分级机与图 4-40（a）的结构形式相比，如要达到同样的分级效率，则处理量略低一些；与图 4-40（c）的结构形式相比，喂料口位置较低，输送料较易。图 4-40（c）为标准设计型，此型结构简单，加工制作较图 4-40（a）和（b）容易些。因无清洗粗粉的侧向进风，分级效率较图 4-40（a）和（b）低。图 4-40（d）结构形式为气送料方式，物料由下部进风口与气流一起进入分级机，并由上升气流送入细粉分级区，此结构喂料方式简单，可很容易与其他磨机组合成流水生产线。缺点是与图 4-40（a）和（b）两种结构形式相比，要达到同样的分级效率，处理量低一些，但在对粗粉清洗度要求不高的情况下，同样具有大的处理量。

除单个分级轮结构的 FJJ 型分级机外，还设计了多轮结构的 FJJ 型分级机。这种多轮分级机具有小涡轮结构的优点，即产品粒度细，d_{97}可达到 $3 \sim 9 \mu m$，分级切割点准确、锐利，分级效率高，同时具有大的处理量，回避了采用大型涡轮转子获得大处理量但使分级品质降低的缺点。

FJJ 型气流分级机按照向分级机内喂料的方式可有三种配置方式：顶部喂料、中部喂料、下部气固一起方式喂料，按着气路的不同又可有四种配置方式。

（1）负压直通气模式。细粉由分级机分出后经旋风分离（也可不用旋风分离），全部含尘气体进入过滤器，清洁气体经引风机排入大气。

（2）部分正压直通气模式。分级较软的物料，对粉尘要求不严格又想节省过滤器的投资，可选用简单的部分正压分级方式。

（3）部分闭路循环模式。细粉经旋风分离器分离后，大约有 50% 的含尘气体返回分级机入口"B"处，另有 50% 的气体经过过滤器过滤。

（4）闭路循环模式。闭路循环模式也可有三种形式：

1）含尘全部过滤后返回分级机。

2）含尘气体部分过滤后返回分级机，过滤后的气体经 A 口吸入分级机，未经过滤的气体经 B 口返回分级机，这样可保证粗粉清洁。

3）含尘气体不经过滤，经旋风分离后，除少部分外，全部返回分级机，这种方式粗粉不能保证清洁。闭路循环方式对采用惰性气体保护分级的情况下以及用于低温分级的情况下是非常必要的，这样可节省耗气量及能耗。

4.2.3.3 强制型离心分级机（WFJ）

WFJ 型分级机是带有二次进风及水平安装分级叶轮的强制型离心分级机，它由分级叶轮、导流片整流器、分级筒身等组成，按分级叶轮数量可分为 WFJ 单叶轮分级机（图 4-41）和 WFJ 多叶轮分级机（图 4-42）。

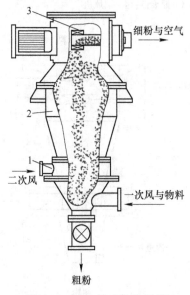

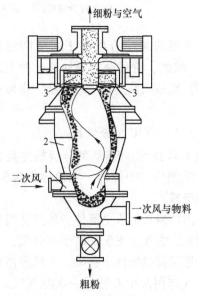

图 4-41　WFJ 单叶轮分级机　　　　图 4-42　WFJ 多叶轮分级机

1—导流片整流器；2—分级筒身；3—分级叶轮　　1—导流片整流器；2—分级筒身；3—分级叶轮

WFJ 型分级机按不同要求采用不同的进料方式，主要有两种，即上筒身加料和下锥体一次风进料。

物料由上筒身加入，外界一次风对物料起风筛作用，使粒子充分分散，并上升至分级区。由于分级叶轮高速旋转，粒子既受到分级叶轮产生的离心力，又受到气流黏性作用产生的向心力，当粒子受到离心力大于向心力，即分级径以上的粗粒子沿容器壁面旋下，外界二次空气通过导流部整流成均一旋流，将混杂或黏附于粗粉中的细粒分离干净，分离后粗粒从下部粗粒口排出，分级径以下细粒随气流进入旋风分离器、捕集器收集，净化气体从引风机排出。

WFJ 型分级机系统由 WFJ 分级机、旋风分离器、捕集器、引风机等组成。WFJ 分级机上部进料工艺配置如图 4-43 所示。下部进料工艺与上部进料工艺的区别为下进料工艺是物料与一次风混合后从一次风口进入。

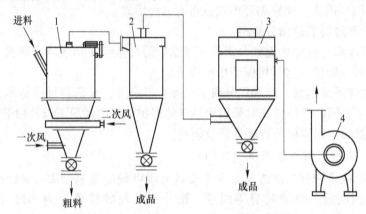

图 4-43　WFJ 型分级机上部进料工艺配置
1—WFJ 分级机；2—旋风分离器；3—捕集器；4—引风机

WFJ 分级机可配合各类干式粉磨机械（气流磨、球磨、雷蒙磨、振动磨、冲击式粉碎机等）组成闭路粉碎分级系统，也可单独用。

4.2.3.4　FYW 型分级机

如图 4-44 所示，FYW 型分级机主要由下筒体、风栅体、中筒体、上筒体、转子、排气管等组成。

物料由加料口加入上筒体旁的回转阀内送入分级室，在水平安装的转子旁分散、分级；粗粉甩至筒壁处向下移动，在风栅体处受二次空气作用及中心管的一次空气吹送，细粉脱离粗粉被送至转子处再次进行分级，最终粗粉向下移动由下筒体的回转卸料阀排出机外，细粉穿过转子叶片的间隙由排气管

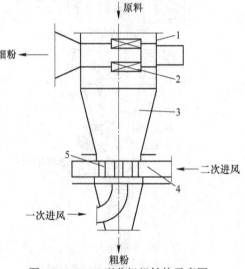

图 4-44　FYW 型分级机结构示意图
1—上筒体；2—转子；3—中筒体；
4—下筒体；5—风栅体

送出机外，在捕集中回收尾气由风机抽放至大气。

4.2.3.5 FQZ 型分级机

如图 4-45 所示，FQZ 型精细分级机主要由细粉出口、中心套管、裙式淘析圈、加料管、粗粉出口、二次空气入口等组成。

物料由加料器输送入加料管中，被风机抽吸到分级室内，在分级锥处充分分散，由于转子产生的强大离心力的作用、粗颗粒被甩至筒壁，细粉随气流穿过转子叶片间隙由上部出口排出，进入系统的捕集装置，粗颗粒在淘析器和加料管的间隙处由于二次空气风筛作用，把混入粗颗粒中的细粒进一步析出，送至分级室做再一次分级，粗大颗粒沿筒壁而下，从粗粉出口处由星形卸料阀排出。

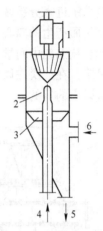

图 4-45　FQZ 型分级机的
结构示意图

1—细粉出口；2—中心套管；
3—裙式淘析器；4—加料管；
5—粗粉出口；6—二次空气入口

FQZ 型分级机的工艺配置有两种方式，图 4-46（a）为开路式工艺配置，图 4-46（b）为闭路式工艺配置。开路工艺配置主要由加料器、FQZ 分级机、除尘器及风机组成，可用于单纯的物料分级，也可作为开路粉碎作业的一部分（即一台粉碎机加 FQZ 分级机生产两种不同细度的产品）；闭路配置一般是与粉碎设备构成闭路作业，主要由粉碎机、FQZ 分级机、除尘器、高压风机等组成。

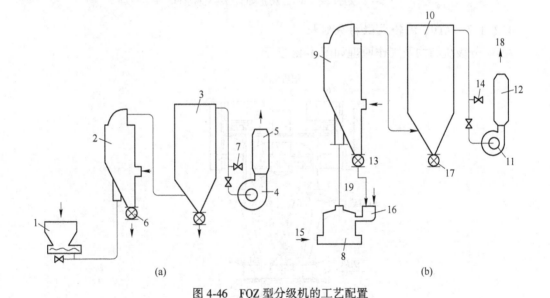

(a)　　　　　　　　　　　　(b)

图 4-46　FQZ 型分级机的工艺配置

（a）开路工艺配置；（b）闭路工艺配置

1，16—加料器；2—FQZ 分级机；3，10—除尘器；4—高压风机；5，12—消声器；

6，13—星形阀；7，14—蝶阀；8—粉碎机；9—FQZ 分级机；11—高压风机；15—吸气口；

17—细粉卸料阀；18—尾气；19—粗粉

4.2.3.6　HTC 涡轮分级机

如图 4-47 所示，HTC 分级机主要由进料系统、排料系统、动力系统、主分级室和二次进风室组成。其分级过程如下：主分级室内有一个可以任意调节转速的分级涡轮，物料由进料系统进入分级区并获得一定的初速度，进入分级区后颗粒受到风的阻力和由于涡轮叶片旋转而产生的离心力作用，因颗粒的大小不同而所受的离心力不同，从而粒径小质量轻的颗粒从涡轮中间被分选出来。粒径较大的被涡轮叶片甩向器壁进入主分级室下面的二次进风室，在二次进风室中，粒径较小的颗粒再次被吹回主分级室进行分级，从而达到提高分级效率的目的。

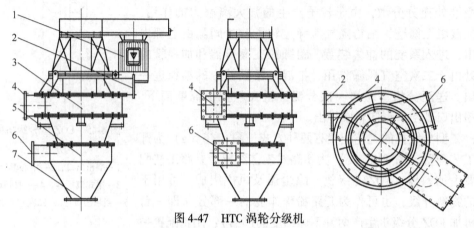

图 4-47　HTC 涡轮分级机

1—电机；2—细粉出口；3—主分级室；4—一次进风口；
5—二次进风室；6—二次进风口；7—粗粉出口

4.2.3.7　ADW 涡轮式微粉分级机

ADW 分级机结构及工作原理如图 4-48 所示。

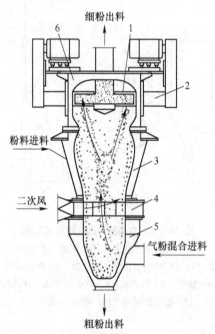

图 4-48　ADW 分级机结构及工作原理示意图

1—分级叶轮；2—传动系统；3—分级锥体；4—细粉分选器；5—粗粉缓冲仓；6—上筒体

分级叶轮的直径为 100~750mm，数量 1~6 个；材质为耐磨合金或陶瓷材料，也可按用户指定的材料制造；驱动为二级电机，皮带增速转动，转速极限 6000r/min；控制为变频器在 0~50Hz 范围内调节转速，数字式测速仪动态显示分级机工作转速。

传动系统的轴承采用高精密球轴承；润滑为人工方式高压油枪加油，自动排废油；冷却是空气冷却或水冷。

分级机机体中，分级叶轮和细粉排出管都安装在上筒体 6 的筒体内部；分级锥体 3 为细粉分选器 4 和粗粉缓冲仓 5；3~6 采用碳钢制造，内部做防锈或耐磨及防粘处理。

ADW 涡轮式微粉分级机的工作原理简述如下。

(1) 气体混合进料。从粉体研磨设备出来的粉料进入气粉混合器与空气混合，由系统负压风抽吸入分级机，经过位于粗粉缓冲仓中部的一导向管，向上经分级锥体进入分级筒体 6 中的分级区。

水平安装的分级叶轮在电动机的驱动下高速旋转，在其周围形成强烈旋转的涡流流场，粉料颗粒在流场中的前进过程中受到空气曳力和离心力的双重作用，细颗粒受到的空气曳力大于离心力，做向心运动，可以穿过分级叶轮的叶片间隙，随空气一起由排气管送出机外，经高压脉冲收尘器捕集成为细成品。粗颗粒受到的空气曳力小于离心力，会被叶片和离心力甩至筒壁处自由落下。粗粉在落至细粉分选器 4 处时，会被此处进入的旋转的二次空气流强烈淘洗，混在粗粉中的部分细颗粒再次被淘洗出来，随气流上升，再次进入分级区进行分级，最终的粗粉继续下落到粗粉缓冲仓 5 的底部，由锁风回转下料器排出机外。至此完成一个分级循环。

(2) 粉状进料。从研磨设备出来的粉料进入斗提机，提升至分级机上部的料斗处，经回转加料器将粉料加入分级机上筒体 6 中部，在此与中心管吹来的空气混合分散后进入分级区，随后的分级、淘洗、排料等过程均与上面所述相同。

对于超细分级，建议采用气粉混合进料方式工作，以提高分级精度和效率，对于一般细度分级可采用粉状进料，系统阻力小，能耗相应较低。

4.2.3.8 MS、MSS 型微粉分级机

图 4-49 为 MS 型微细分级机的结构和工作原理示意图和外形。它主要由给料管 1、调节管 8、中部机体 5、斜管 4、环形体 6 及安装在旋转主轴 9 上的叶轮 3 构成。主轴由电机通过皮带轮带动旋转。其工作原理为：待分级物料和气流经给料管 1 和调节管 8 进入机内，经过锥形体进入分级区；轴 9 带动叶轮 3 旋转；叶轮的转速是可调的，通过调节转速可以调节分级粒度；细粒级物料随气流经过叶片之间的间隙向上经细粒物料排出口 2 排出，粗粒物料被叶片阻留，沿中部机体 5 的内壁向下运动，经环形体 6 和斜管 4 自粗粒级物料排出口 10 排出。上升气流经气流入口 7 进入机内，遇到自环形下落的粗粒物料时，将其中夹杂的细粒物料分出，向上排送，以提高分级效率。

通过调节叶轮转速、风量、二次气流、叶轮间隙或叶片数及调节管的位置可以调节分级粒度。

这种分级机的主要特点是：分级粒度范围广，可在 3~150μm 之间任意选择。

图 4-50 为 MSS 型微细分级机的结构和工作原理示意图和外形。它主要由机身、分级转子、分级叶片、调隙锥、进风管、进料和排料管等构成。其工作过程为：物料从给料管被风机抽吸到分级室内，在分级转子和分级叶片之间被分散并进行反复循环分级，粗颗粒

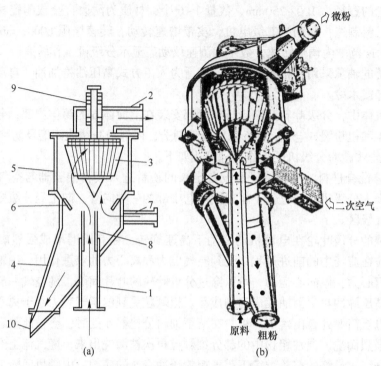

图 4-49　MS 型微细分级机的结构与工作原理示意图和外形

（a）结构与工作原理；（b）外形

1—给料管；2—细粒物料出口；3—叶轮；4—斜管；5—中部机体；6—环形体；

7—二次气流入口；8—调节管；9—轴；10—粗粒物料出口

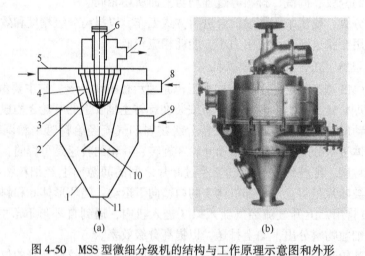

图 4-50　MSS 型微细分级机的结构与工作原理示意图和外形

（a）结构与工作原理；（b）外形

1—下部机体；2—风扇叶片；3—分级室；4—分级转子；5—给料管；6—轴；7—细粒物料出口；

8—三次风入口；9—二次气流入口；10—调隙锥；11—粗粒物料出口

沿筒壁自上而下，由下面的粗粉出口处排出；超细粉体随气流穿过转子叶片的间隙由上部细粉出口排出。在调隙锥处，由于二次空气的风筛作用，将混入粗粉中的细粒物料进一步析出，送入分级室进一步分级。三次空气可强化分级机对物料的分散和分级作用，使分散和分级作用反复进行，因而有利于提高分级精度和分级效率。

这种分级机的特点是分级粒度较 MS 型更细，分级粒度范围为 2~20μm，可获得 97% 不大于 5μm 的超细粉体产品；产品粒度分布窄，分级精度较高。

4.2.3.9 卧式螺旋离心分级机

该系列卧式螺旋离心机主要由柱-锥形型转鼓、螺旋推料器、行星差速器、外壳和机座等零件组成，如图 4-51 所示。转鼓通过主轴承水平安装在机座上，并通过连接盘与差速器外壳连接。螺旋推料器通过轴承同心安装在转鼓里，并通过外在键与差速器输出轴内在键相连。

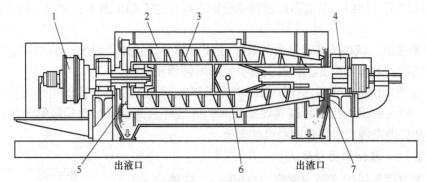

图 4-51　LW（WL）型螺旋卸料沉降离心机的结构与工作原理

1—差速器；2—转鼓；3—螺旋推料器；4—机座；5—溢流孔；6—进料仓；7—排渣孔

4.2.3.10　D 型卧式螺旋卸料沉降离心机

图 4-52 所示为引进法国坚纳公司（GUINARD）技术生产的 D 型卧式螺旋卸料沉降离心机。该型离心机主要由进料口、转鼓、螺旋推料器、挡料板、差速器、扭矩调节器、减振垫、机座、布料器、积液槽等部件构成，是一种结构紧凑、连续运转、运行平稳、分离因素较高、分级粒度较细的离心机。该型卧式螺旋卸料沉降离心机的另一个特点是电气部分用微机控制，可直接、自动在显示屏上显示转鼓转速、差速转速等主要技术参数，且能一机多用（并流型和逆流型复合在一起）。

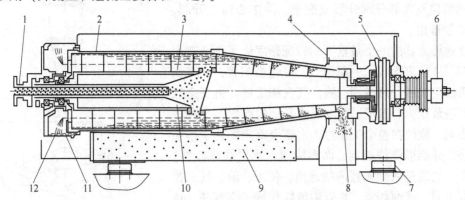

图 4-52　D 型卧式螺旋卸料沉降离心机的结构及工作原理

1—进料口；2—转鼓；3—螺旋推料器；4—挡料板；5—差速器；6—扭矩调节器；
7—减振垫；8—沉渣；9—机座；10—布料器；11—积液槽；12—分离液出口

（1）转鼓。转鼓由转鼓轴颈、出液台、转鼓体（柱锥复合体）及挡渣板组成。转鼓轴颈通过轴承支承在机座上，转鼓小端与差速器外壳刚性连接。转鼓由电机通过三角皮带带动差速器外壳而获得动力作高速旋转。出液头上均布4个澄清液的溢流孔，可根据需要通过更换溢流板获得不同的溢流直径。转鼓小端有4个径向分布的出渣口，挡渣板安装在出渣口附近。

（2）螺旋。螺旋推料器即通常简称的螺旋，是在一空心柱锥体上焊接螺旋叶片制成的。螺旋大端靠螺旋大端轴颈支承在转鼓大端螺旋轴颈上，螺旋小端靠花键轴支承在差速器上。

（3）机座。机座是支承所有零部件的重要部件。本机采用的是焊接机座，两轴承座安装在机座两端，转鼓、差速器通过轴承分别支承在左右轴承座上，电机安装在机座右端的正上方。

（4）差速器。该机的差速器为K-H-V摆线差速器，差速比为59，为整体进口的德国生产的差速器。差速器设置在转鼓头与机座右端轴承座之间。

（5）扭矩限制器。该机的扭矩限制器为带弹性扭矩限制器，其作用是当离心机在异常情况下，螺旋的推料扭矩超过其设定值时，弹性环自身破坏，扭矩限制器发出报警信号，并自动切断电源，以保护离心机的安全。

4.2.3.11　超细水力旋流器

超细水力旋流器的直径通常为10~50mm。这种小直径的水力旋流器通常制成带有长的圆筒部分和小锥角的锥形部分，内衬耐磨陶瓷、模铸塑料、人造橡胶或用聚氨酯材料制造。聚氨酯是近十多年来制造超细水力旋流器的主要材料。

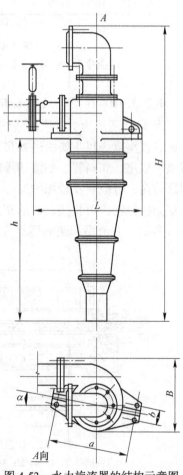

水力旋流器上部呈圆筒形，下部呈圆锥形，其结构如图4-53所示，工作时，矿浆以0.4~3.5个大气层的压力从给矿管沿切线方向送入，在内部高速旋转，产生很大的离心力。在离心力和重力的作用下，粗粒物料被抛向器壁做螺旋向下运动，最后由排砂嘴排出，较细的颗粒及大部分水分形成旋流，沿中心向上升起，至溢流管排出。

普通旋流器的一个最重要的特征是底流呈伞形喷出的同时，从底流嘴吸入一束空气，穿过溢流管，在其流场内形成空气柱，形成固、液、气三相流场。由于空气柱受到进浆压力、浓度、粒度组成及结构参数等多种因素的影响，致使在整个工作过程中整个旋流场处于不稳定状态，并难以严格控制。而离旋器（水封式旋流器）则切断了气流进入旋流器内的通道，使固、液、气三相流转变为固、液两相流，并以溢流柱代替了空气柱。这种离旋器的特点是：两相、两场和足够大的底流嘴径。图4-54为LS型水封式旋流器的外形。

图 4-53　水力旋流器的结构示意图

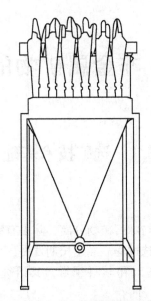

图 4-54　LS 型水封式旋流器的外形

5 非金属矿物的选矿

5.1 选矿技术基础

5.1.1 选矿的概念

选矿就是将矿石中有用矿物与脉石矿物分离，除去有害杂质，使之富集和纯化的一门技术科学，它是对有用矿物的精选过程。经过长期发展，"选矿"已不能涵盖众多涌现出来的技术和方法所依赖的学科基础和学科领域，其研究的对象比传统选矿学科更广、更深。

非金属矿物资源绝大多数都是多种矿物共生，不经过选矿提纯是无法直接利用的。图 5-1 给出了选矿在矿产资源利用过程中的关系图。

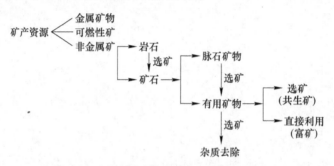

图 5-1　选矿在矿产资源利用过程中的关系图

5.1.2 选矿的过程

选矿是一个连续的生产过程，它由一系列连续的作业组成。不论选矿方法和选矿规模及工艺设备如何复杂，一般都包括以下三个最基本的作业工程：

（1）选别前的准备作业；

（2）选别作业；

（3）产品处理作业。

人们把对矿石进行分离和富集的连续加工的工艺过程称为选矿工艺流程，如图 5-2 所示。

5.1.3 非金属矿物选矿的特点

对于非金属选矿来说，纯度在很多情况下是指其矿物组成，而非化学组成。有许多非金属矿物的化学成分基本接近，但矿物组成和结构相差甚远，因此其功能和应用领域也就

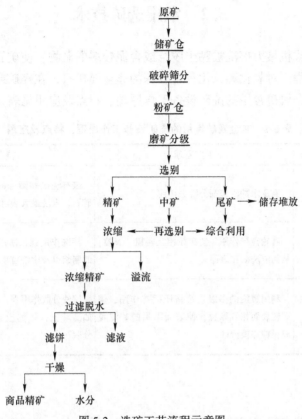

图 5-2 选矿工艺流程示意图

不同，这是非金属矿物选矿与金属矿物选矿最大的区别之处。与金属矿物的选矿相比，非金属矿物选矿的主要特点如下：

（1）非金属矿物选矿的目的一般是为了获得具有特定的物理化学特性的产品，而不是矿物中的某些有用组分；

（2）对于加工产品的粒度、耐火度、烧失量、透气性、白度等物理性能有严格的要求和规定，否则会影响下一级更高层次的应用；

（3）对于加工产品不仅要求其中有用组分的含量达到要求，而且对其中杂质的种类及其含量也有严格要求；

（4）非金属矿物选矿过程中应尽可能保持有用矿物的粒度与晶体结构的完整，以免影响它们的工业用途和使用价值；

（5）非金属矿物选矿指标的计算一般以有用矿物的含量为依据，多以氧化物的形式表示其矿石的品位及有用矿物的回收率，而不是矿物中某种元素的含量；

（6）非金属矿物选矿提纯不仅仅富集有用矿物，除去有害杂质，同时也粉磨分级出不同规格的系列产品；

（7）由于同一种非金属矿物可以用在不用的工业领域，而不同工业部门对产品质量的要求又有所不同，因此往往带来非金属矿物选矿工艺流程的特殊性、多样性和灵活性。

5.2　常用选矿技术

洗矿是用水力或机械力擦洗被黏土胶结或含泥较多的矿物，使矿石碎散，洗下矿石表面细泥并分离的过程。对氧化和风化程度较深的非金属矿石，在碎矿或选矿前，洗矿是必要的准备作业。非金属矿常用的洗矿设备工作原理、特点及应用见表5-1。

表5-1　非金属矿常用的洗矿设备工作原理、特点及应用

设备名称	工作原理	特点及应用
圆筒洗矿机（洗矿筛）	高压水冲洗和筛分洗去矿泥	兼有洗矿和筛分的作用，适用于处理大块矿石。入洗最大块可达260mm
摩擦洗矿机	叶轮搅样作用、使矿粒相互碰撞、摩擦，从而清洗矿粒表面	擦洗作用强，适用于黏土矿物，如高岭土的制浆以及中细粒物料，如硅砂的洗矿
双螺旋擦洗机	利用螺旋的多级连续挤压搅拌作用，使矿粒表面相互摩擦，使表面黏附的矿泥脱离颗粒并被分散	擦洗分散作用强，适用于含砂质黏土矿物，如高岭土，膨润土以及天然硅砂的洗矿和分散

5.2.1　重力选矿

重选是根据矿粒之间密度的差异进行矿物分离。矿物在一定的介质流中（通常为水、重液或重悬浮液及空气），借助流体浮力、动力及其他机械力的推动而松散，在重力（或离心力）及黏滞阻力作用下，使不同密度（粒度）的矿粒发生分层转移，从而达到分选的目的。采用重选，矿粒之间的密度差越大，越易于分选，越小则分选越难。重选通常是在垂直重力场、斜面重力场、离心力场中进行。

重选按作用力场性质可分为跳汰选矿，摇床选矿、螺旋（溜槽）选矿、离心选矿、重介质选矿和风力选矿等。其中风力选矿是以空气为分选介质的重力选矿方法，广泛应用于石棉、云母，蛭石等的分选。表5-2所列为水介质和重介质常用重选设备类型、分选粒度范围及其特性和应用，表5-3所列为风力选矿设备的类型、原理、特点及应用。

表5-2　常用重选设备类型、分选粒度范围及其特性和应用

作用力场	设备类型	处理粒度范围/mm			特　性	应　用
		最大	最小	最合适		
垂直重力场	旁动隔膜跳汰机	18	0.074	0.1～12	处理量大，富集比高，可用于粗选和精选	刚玉、煤、金红石、铬铁矿、萤石、重晶石等
	侧动隔膜跳汰机	18	0.074	0.1～12		
	圆锥跳汰机	20	0.074	0.1～6		
	锯齿波跳汰机	25	0.074	0.074～8		
	梯形跳汰机	10	0.037	0.074～5		

续表 5-2

作用力场	设备类型	处理粒度范围/mm			特 性	应 用
		最大	最小	最合适		
斜面重力场	摇床	3	0.02	0.037~2	处理量小,富集比高,可得多种产品,多用于精选	滑石、独居石、锆石、石榴子石、石英、叶蜡石除铁等
	螺旋选矿机	3	0.074	0.1~2	处理量较摇床大,富集比低,但省水省电,一般用于粗选	金红石、锆石、独居石、粉状云母除铁等
离心力场	离心选矿机			0.01~0.1	周期性工作,分选速度较快,用于脱泥、微细粒粗选	石英、长石等
	重介质旋流器	30	0.1	2~20	处理量大,分选效率高,可分选密度差较小的矿粒,用于分级、浓缩	长石、红柱石、菱镁矿、石灰石、铬铁矿等
	水力旋流器			0.01~0.1	处理量大,多用于分级和脱泥	高岭土等黏土矿物

表 5-3 风力选矿设备的类型、原理、特点及应用

设备名称	分选原理	特点及应用
筛分吸选机组(包括平面振动筛、吸棉嘴、降棉筒、风机等)	通过筛分,松散的矿物纤维"漂浮"于料层表面,利用上升气流。通过吸棉嘴抽吸易于在气流中悬浮的石棉纤维	分选效率较高,作业回收率在80%以上,空气耗量较大。适用于石棉矿石的粗选和精选
空气通过式分选机	在密闭的箱体内物料下落通过水平气流,使形状和密度差异的矿物实现分离,纤维状、片状矿粒被气流带走。粒状矿粒沉降	结构简单,没有运动部件,操作方便,但分选效率较低,适用于石棉、碎云母矿石的粗选
空气离心分选机	利用涡轮旋转产生的离心力和上升气流综合作用,使形状和密度不同的矿粒分离	工作平稳可靠,分选效率较高,适用于较细物料(<8nm)的分选
振动式空气分选机	利用抛料盘转动给予物料的离心力,上升气流及筛体的振动,使形状和密度不同的矿粒分离	工作平稳可靠,分选效率较高。适用于石棉纤维和云母粉的除砂

5.2.2 磁力选矿

在磁选中,按照比磁化系数的不同可将矿物分为四类,即强磁性矿物、中磁性矿物、弱磁性矿物和非磁性矿物,见表 5-4。

表 5-4 矿物磁性及分类

磁性分类	比磁化系数范围/$m^3 \cdot kg^{-1}$	磁性特点	矿物举例
强磁性矿物	$>3000\times10^{-8}$	磁化强度高;磁场强度、比磁化系数与外磁场强度呈曲线变化,其磁性与磁场变化有关,有磁饱和及磁滞现象并有剩磁	磁铁矿、磁黄铁矿、磁赤铁矿、钛磁铁矿及锌铁尖晶石

续表 5-4

磁性分类	比磁化系数范围/$m^3 \cdot kg^{-1}$	磁性特点	矿物举例
中磁性矿物	$(500 \sim 3000) \times 10^{-8}$	磁性介于强磁性矿物与弱磁性矿物之间	半假象赤铁矿、钛铁矿、铬铁矿等
弱磁性矿物	$(15 \sim 3000) \times 10^{-8}$	比磁化率为常数；磁化强度与磁场强度呈直线关系，无磁饱和及磁滞现象	赤铁矿、褐铁矿、锰矿、金红石、黑云母、角闪石、绿泥石、蛇纹石、橄榄石、辉石、石榴子石、黑钨矿等
非磁性矿物	$<15 \times 10^{-8}$	在外磁场作用下基本不呈磁性	硫、煤、石墨、高岭土、石英、长石、方解石、硅灰石、金刚石等大多数非金属矿及部分金属矿

　　磁选设备的类型很多，其分类方法也较多。例如，按磁源分为电磁和永磁，按作业方式分为干式和湿式，一般按磁场强度或磁场力大小分为弱磁场磁选机、强磁场磁选机（包括高梯度磁选机和超导磁选机），见表 5-5。

表 5-5　磁选机的分类

类型	磁场强度$H/kA \cdot m^{-1}$	常用磁选机名称	应用范围
弱磁场磁选机	$72 \sim 136$	磁力脱水槽	分选细粒磁铁矿和过滤前磁铁矿浓缩
		永磁干式磁辊筒	分选粒度 10~100mm 的大块强磁性矿物或铁磁性物质
		永磁筒式磁选机	粒度 6mm 以下的强磁性矿物或铁磁性物质粗选和精选
强磁场和高梯度磁选机	$480 \sim 1600$	干式圆盘式强磁选机	用于粒度 2mm 以下的弱磁性矿物的分选
		干式双辊强磁场磁选机	用于粒度 3mm 以下的弱磁性矿物的分选
		TYCX 系列永磁干式强磁选机	60mm 以下的弱磁性矿物的分选
		CS 型湿式电磁感应辊强磁选机	主要用于赤铁矿、褐铁矿、镜铁矿、钛铁矿等弱磁性金属矿的分选
		SHP 型湿式双盘强磁场磁选机	
		SQC 型和 SZC 型湿式平环强磁选机	黑色、有色和非金属矿中细粒级弱磁性矿物的分选或从非金属矿的除铁、钛杂质
		湿式双立环式强磁选机	有色或稀有金属矿的分选和高岭土的除铁、钛杂质
		Sala 型高梯度磁选机	赤铁矿、褐铁矿、菱铁矿等弱磁性金属矿及高岭土、滑石、石英、长石、红柱石等非金属矿的除铁、钛杂质
		Slon 型高梯度磁选机	
		CAD 型周期工作式高梯度磁选机	高岭土等非金属矿的除铁、钛杂质
超导磁选机	$\geqslant 5000$（5.0T）	零挥发低温超导磁选机	高岭土、长石、石英等非金属矿的深度除铁、钛和精选

5.2.3 电力选矿

矿物的电性是矿物在电场中实现分选的依据。在电选中起主要作用的电性是矿物的电导率和介电常数。电导率是表示矿物导电能力大小的物理量，常用 γ 表示。电导率 γ 是电阻率 ρ 的倒数，即

$$\gamma = \frac{1}{\rho}$$

根据电导率的大小可将矿物分为三类，见表5-6。

表5-6 矿物电导率分类

分类	电导率 $\gamma/S \cdot cm^{-1}$	矿物举例
导体矿物	104~105	自然铜、石墨
半导体矿物	10-10~102	硫化矿、金属氧化矿
非导体矿物	<10-10	硅酸盐矿、碳酸盐矿

介电常数是矿物的另一个电性指标，常用 ε 表示。对于导体矿物，介电常数 ε 约等于无穷大，对于非导体矿物，介电常数 $\varepsilon>1$，半导体矿物的介电常数介于两者之间。

选矿中常用的使矿物带电的方式有直接传导带电、感应带电、电晕带电和摩擦带电等，它们的特点列于表5-7。在现代电选机中，为达到最佳分选效果，应用最广的是传导带电与电晕带电相结合的带电方式。

表5-7 使矿物带电的方式

带电方式	特点及应用
直接传导带电	矿粒直接与电板接触，导体矿粒获电极同性电荷而被接斥。非导体矿粒被极化而产生束缚电荷被电极吸引
感应带电	矿粒不与电极接触而在电场中受感应作用。导体矿粒被极化后电荷可被移走，非导体矿粒则只能被极化，从而使两者运动轨迹产生差异
电晕带电	在电晕放电电场中，不同性质的矿粒因吸附空气离子而得到符号相同但数量不同的电荷，在电场力作用下产生不同运动轨迹
摩擦带电	使不同性质的矿粒相互摩擦而带上符号相反的电荷，带电矿粒通过电场时，分别被正负电极吸引而被分离

电选机的形式有多种，按电场特性可分为静电电选机、电晕电选机和电晕-静电复合电场电选机；按结构特征可分为辊式电选机、板式电选机、带式电选机；按矿粒带电方式分为接触带电电选机、摩擦带电电选机，电晕带电电选机等。目前，工业生产中以辊式电晕静电复合电场电选机应用最广，在金刚石、锆英石、金红石等选矿中已有应用。

5.2.4 浮力选矿

5.2.4.1 浮选基本原理

浮选是利用矿物表面性质（疏水性或亲水性）的差异，在气、液、固三相界面体系中使矿物分选的选矿方法。实现浮选的重要因素是矿粒本身的可浮性及矿粒与气泡之间有

效的接触吸附。矿粒表面的可浮性与其表面的润湿性（疏水性）及表面电性等密切相关。矿粒表面的润湿性常用接触角来衡量。按触角越大，矿粒表面越不易被水润湿，则可浮性好。根据矿物在水中接触角的大小，矿物的天然可浮性分为三类，见表5-8。

表 5-8 矿物天然可浮性分类

类别	表面润湿性	断裂面暴露出的键的特性	晶格结构特征	代表性矿物	在水中的接触角 $\theta/(°)$	天然可浮性
1	小	分子键	晶格各质点间以分子键相联系，断裂面上为弱的分子键	自然硫	80~110	好
2	中	以分子键为主，同时存在少量的强键（离子键、共价键或金属键）	晶格由原子或离子层构成，层内原子间以强键结合，层与层之间为分子键。破裂主要从分子键断开，破裂面上也可能存在强键，但其数量远远少于分子键	滑石石墨辉钼矿叶蜡石	50~90	中
3	大	强键（离子键、共价键或金属键）	晶格有各种不同的结构，晶格各质点间以强键（离子键、共价键或金属键）结合，断裂面上为强键	方铅矿、黄铜矿、萤石、黄铁矿、重晶石、方解石、石英、云母	0~40	差

　　生产实践中，单纯利用天然可浮性进行矿石中各矿物的浮选分离是有限的，通常要借助一定的浮选药剂，提高矿物的可浮性。浮选剂在固液界面的吸附影响矿粒的可浮性，而这种吸附又受矿粒表面电性的影响。因此，矿物的电性与其可浮性有密切的联系。

　　依据矿物零电点的不同，可调节矿浆 pH 值，选择性地使矿粒表面荷正电或负电。这样为选择捕收剂的种类（阴离子捕收剂或阳离子捕收剂）人为改变矿物的可浮性提供了依据。如 pH 值小于零电点，矿物表面荷正电，采用阴离子捕收剂有利于吸附和提高可浮性；pH 值大于零电点，则采用阳离子捕收剂有利于吸附和改善矿物的可浮性。

　　矿粒向气泡的附着过程是浮选的基本行为。首先附着能否发生，取决于附着前后自由能的变化 ΔG，$\Delta G = \gamma_{气-水}(1 - \cos\theta)$，$\gamma_{气-水}$ 是水气界面的自由能，为固定值。因此，ΔG 仅与接触角 θ 有关，当矿粒完全亲水时，$\theta = 0°$，则 $\Delta G = 0$，矿粒不能自发地附着于气泡上，浮选行为便不能发生；只有当 $\theta > 0°$，$\Delta G > 0$，矿粒才能向气泡附着，发生浮选行为。随着 ΔG 的增大，附着发生的可能性就越大，其可浮性也就越好。但是 ΔG 只能说明矿粒附着气泡的可能性，能否实现及难易程度如何，还要看具体附着动力学过程。

　　浮选过程中矿粒附着于气泡上经历三个阶段：

　　（1）矿粒与气泡相互接近与接触阶段，该阶段靠机械搅动、矿浆运动、气泡上浮和矿粒下沉产生的矿粒与气泡的碰撞来完成。

　　（2）矿粒与气泡之间水化膜变薄与破裂阶段，由于水分子极化作用及矿粒表面剩余键力及水气界面自由能的存在，在矿粒与气泡表面存在水化膜，当矿粒向气泡附着时，首先使彼此的水化膜减薄，最后减弱到这层水化膜很不稳定，并且引起迅速破裂。

　　（3）矿粒克服了脱落力影响，在气泡上牢固附着。矿粒附着在气泡上后，能否上浮至矿浆面进入泡沫产品，还要看脱落力的大小，即矿粒与气泡之间的附着必须大于重力效应。矿粒表面疏水性越强，矿粒在气泡上的附着力就越大，就难以脱落。

综上所述，矿粒附着于气泡的过程能否实现，附着牢固与否，取决于矿粒表面的疏水性，即可浮性大小。增大润湿接触角 θ，对提高矿粒与气泡的附着至关重要。为此，常常需要加入浮选药剂。

5.2.4.2 浮选药剂

浮选药剂是用来改变矿粒表面性质、调控矿粒浮选行为的有机物质，无机物质或其他物质。浮选药剂可分为四类，即捕收剂、起泡剂、调整剂（包括抑制剂、活化剂和 pH 调整剂）、絮凝剂。捕收剂使目的矿物疏水，增加可浮性，使其易于向气泡附着；调整剂调控矿粒与捕收剂的作用（促进或抑制）及介质 pH 等；起泡剂主要是促进泡沫形成，增加分选界面及调节泡沫的大小和稳定性，絮凝剂促使微细颗粒形成聚团。表5-9为常用浮选药剂的分类。

表5-9 常用浮选药剂的分类

类型		化合物类别	代 表 药 剂	主要应用
捕收剂	阴离子型	键合原子为二价硫原子的化合物	乙黄药、异丙黄药、甲酚黑药、白药等	硫化矿
		键合原子为氧原子的化合物	油酸、油酸钠、磺化石油、氧化石蜡皂、烃基磺酸盐等脂肪酸类	非硫化矿（硅酸盐类矿物）
	阳离子型	胺类	月桂胺、十二胺至十八胺等脂肪胺类	非硫化矿
		吡啶盐类	盐酸烷基吡啶	非硫化矿
	非离子型	酯类	丁基黄原酸氰乙酯、硫氮氰酯	硫化矿
		多硫化物	双（复）黄药	硫化矿
	油类	非极性烃油类	煤油、柴油、重油、中油	煤、石墨、自然硫等
起泡剂		羟基化合物	2号浮选油、松节油、甲酚、杂酚油	泡沫调控
		醚类	三聚丙二醇丁醚、樟油、桉树油	
		吡啶类	重吡啶	
调整剂		无机物（酸、碱、盐）	硫酸、氢氟酸、石灰、氢氧化钠、碳酸钠、水玻璃、氯化钙、硫酸铝、硫化钙、硫化钠、硫酸亚铁、磷酸盐等	调整矿浆 pH、矿物的抑制或活化
		有机物	淀粉、糊精、栲胶、单宁、磺化木质素、柠檬酸、草酸、羧甲基纤维素等	
絮凝剂		无机絮凝剂	硫酸铝、氯化铝、明矾等	选择性絮凝
		有机絮凝剂	淀粉、糊精、纤维素、聚丙烯酰胺等	

5.2.4.3 浮选机械

浮选机械是实现浮选分离的主要工艺设备。经磨矿单体解离的矿粒，调浆、调药后进入浮选机，进行充气、搅拌，使表面已吸附捕收剂或疏水的矿粒向气泡附着，在矿浆面上形成泡沫产品，未上浮的矿粒由底流排走，达到浮选分离的目的。因此，浮选机械具备下述功能：

（1）充气作用，即向矿浆充气，使其弥散成大小合适、分布均匀的气泡；

（2）搅拌作用，使槽内矿浆受到均匀搅拌，促使药剂溶解分散；

（3）调节矿浆面、矿浆循环量和充气量；

（4）使泡沫产品和残留矿浆连续不断地排除。

根据将空气分散成气泡的方式不同，浮选机分为四大类，见表 5-10。

表 5-10　浮选机的分类

分类	充气搅拌方式	典型浮选机	特　点
机械搅拌式浮选机	靠机械搅拌器（转子和定子组）来实现矿浆的充气和搅拌，分为离心式叶轮、棒形轮、笼形转子、星形轮等	XJ 型、XJK 型、XJQ型、JJF 型、SF 型、XJB型、BS-M 型	可自吸空气和矿浆，不需外加充气装置，中矿返回易实现自流，操作方便；但充气量小，能耗较高，转子（叶轮）磨损较大
充气搅拌式浮选机	靠机械搅拌器搅拌矿浆，另设鼓风机提供充气	CHF－X 型、XJC 型、BS－X 型、BS－K 型、KYF 型、LCH－X 型、CJF 型	充气量大，可按需要进行调节，磨损小，电耗低；但无吸气和吸浆功能，需增加风机和矿浆泵
充气式浮选机	既无机械搅拌器，也没有传动部件，由专门的压风机提供充气用的空气	浮选柱	结构简单，操作容易；无运动部件，机械磨损小，充气均匀，液面平稳
气体析出式浮选机	借助加压矿浆从充气机械搅拌器喷嘴喷出后在混合室产生负压，吸入空气充气	喷射旋流式浮选机	充气量大，气泡分布均匀，矿浆液面平稳，处理能力大，结构简单，机械磨损小

5.2.5　湿法化学提纯技术

5.2.5.1　概述

非金属矿物的提纯，从广义上来讲，包括粗加工和深加工提纯。粗加工主要是指选矿，包括重选、浮选、磁选、电选等。对于一般工业用途的非金属矿，只需进行粗加工即能满足工业要求。但是，对一些用于特殊目的非金属矿物，单采用常规选矿方法难以达到应用要求。例如，许多工业部门所用石墨必须是高纯的，如原子反应堆的燃烧室元件，要求石墨灰分小于 0.1%；其他如高导电石墨、超导石墨等都要求碳含量在 99% 以上。采用浮选法和电选法虽然可使石墨品位达到 90% 或 95%，甚至个别的可达到 98%，但由于硅酸盐矿物浸染在石墨鳞片中，用机械方法难以进一步提纯。这就需要采用深加工精细提纯方法，例如化学提纯法、热力精炼法等，以进一步除去石墨精矿中的杂质。

矿物的湿法化学提纯，是利用不同矿物在化学性质上（氧化还原性、溶解性、离子半径差异、络合性、水化性、荷电性和热稳定性）的差异，采用化学方法或化学方法与物理方法相结合来实现矿物的分离和提纯。矿物的湿法化学提纯主要应用于一些纯度要求很高，且机械物理选矿方法又难以达到纯度要求的高附加值矿物的提纯，如高纯石墨、高纯石英和高白度高岭土等。

非金属矿物的湿法化学提纯技术主要包括三种：

（1）酸法、碱法和盐处理法；

（2）氧化还原法（漂白法）；

（3）絮凝法。

5.2.5.2 酸法、碱法和盐处理法

非金属矿物的酸法、碱法和盐处理法，指在相应酸、碱及盐药剂作用下，把可溶性矿物成分（杂质矿物或有用矿物）浸出或交换出来，使之与不溶性矿物组分分离的过程。浸出过程（酸法和碱法）或离子交换（盐处理法）是通过化学反应完成的。表5-11列出了常见酸、碱和盐处理方法的应用范围。

表 5-11 常见酸、碱和盐处理应用范围

浸出方法	常用浸出剂	矿 物 原 料	目的及应用范围
酸法	硫酸、盐酸	石墨、金刚石、石英（硅石）	提纯；含酸性脉石矿物
	硫酸、盐酸	膨润土、酸性白土、高岭土、硅藻土、海泡石等	活化改性；阳离子浸出改性
	硝酸（氢氟酸）或硫酸、盐酸的混合液（如王水）	石英砂（硅石、水晶）	提纯；含酸性脉石矿物
	氢氟酸	石英	提纯；超高纯度 SiO_2 制备
	过氧化物（Na、H）、次氯酸盐、过醋酸、臭氧等	高岭土、伊利石及其他填料、涂料矿物	氧化漂白；硅酸盐矿物及其他惰性矿物
碱法	氢氧化钠	金刚石、石墨	提纯；浸出硅酸盐等碱（土）金属矿物
	氨水	黏土矿物、氧化矿物与硫化矿物	改性；含碱性的矿石
盐浸	碳酸钠、硫酸钠、硫化钠、草酸钠、氯化钠、氧化锂等低价金属盐类	膨润土、累托石、沸石、凹凸棒石	离子交换

A 酸法提纯

非金属矿的酸法处理主要是去除非金属矿物中的硫化物、氧化物或着色杂质。去除着色杂质是非金属矿进行酸法处理的最主要目的。着色杂质是指其中含铁的各种化合物，如 Fe_2O_3、FeO、$Fe(OH)_3$、$Fe(OH)_2$、$FeCO_3$ 等，其中有些铁是以单体矿物或矿物包裹体存

在，有些是以薄膜铁的形式附着于矿物表面、裂缝或结构层间。

B　碱法提纯

碱法提纯是目前国内应用最多，也较成熟的方法，主要用于硅酸盐、碳酸盐等碱金属与碱土金属矿物的浸出，如石墨、细粒金刚石精矿的提纯等。碱法浸出中使用频率最多的浸出剂是 NaOH，浸出原理是将 NaOH 与石墨或金刚石细砂按比例混匀。在温度高于 500℃条件下，使 NaOH 与石墨或细粒金刚石中杂质矿物反应生成可溶性硅酸盐，洗涤后用酸除去生成物。

C　盐法提纯

盐法提纯中常用到的试剂为碳酸钠和硫化钠。Na_2CO_3 溶液对矿物原料的分解能力较弱，但具有较高的选择性，且对设备的腐蚀性小，所以对碳酸盐含量高的矿物原料仍不失为一有效的金属离子浸出剂。常用于黏土矿物的阳离子交换。

氧化硅、氧化铁和氧化铝等在碳酸钠溶液中很稳定，仅少量硅呈硅酸形态，铁呈不稳定的配合物形态，铝呈铝酸钠形态。

D　提纯机理

无论是以酸为浸出剂，还是碱作为浸出剂，提纯过程通常要经过如下几个阶段：

(1) 浸出剂分子借扩散作用穿过附面层到达固相表面；

(2) 浸出剂被吸附在固相表面；

(3) 在固相表面发生化学反应，生成可溶性化合物；

(4) 生成的可溶性化合物从固相表面解吸；

(5) 可溶性化合物穿过附面层向溶液中扩散。

通过 (2) ~ (4) 阶段，固液界面上浸出剂的浓度急剧下降而溶解物的浓度急剧上升形成饱和溶液。显然，如果固相界面的饱和溶液不向外扩散，当然也就没有新的浸出剂去补充，那么浸出反应将停止进行。实际上，由于远离固相的溶液内部溶解物浓度很低，因此，固液界面的饱和溶液中的溶解物不断向外扩散，有使整个溶液中的溶解物浓度变得均衡的趋势，这就是发生第 (5) 步过程的原因。

浸出速度可以用下式表示：

$$\frac{dc}{dt} = \frac{DF}{\delta}(c_{饱} - c)$$

式中，$\dfrac{dc}{dt}$ 为浸出速度，即液相内部浸出物浓度的变化速度；c 为液相内部浸出物的浓度；$c_{饱}$ 为固相界面浸出物的饱和浓度；D 为被溶解的固相的表面积；F 为固相界面饱和溶液的厚度，近似地等于附面层厚度；δ 为浸出物的扩散系数，是浓度梯度为 1 时，在单位时间内经过 $1cm^2$ 截面积扩散的物质数量。

该式说明，浸出速度正比于浸出物的扩散系数、被溶解的固相的表面积和固液界面与溶液内部的浸出物浓度差，而反比于附面层（饱和溶液层）厚度。

浸出反应是发生在固液界面的多相反应，其反应速率除与浸出剂向界面扩散速度有关外，还与浸出剂在固相表面发生的化学反应的速率有关。这两个速度中的较慢者影响着整个过程的速度。这样，浸出反应过程可能存在着如下三种情况。

（1）扩散控制反应。固液界面上的化学反应速率远快于浸出剂扩散到界面的速度，浸出剂到表面，浸出反应立即结束，使过程处于"停工待料"状态，所以浸出速度是受扩散速度控制的。

（2）化学控制反应。与前一情况相反，反应速率远慢于扩散速度，此时界面上浸出剂是充裕的。反应要多少，扩散过程就供应多少，因此过程是受化学反应速率控制的。

（3）中间控制反应。介于上述两个极端情况中间，反应速率与扩散速度接近。某些情况（外界条件）下，过程受控于扩散速度；在另一些情况下，过程受控于化学反应。

整个浸出过程主要包括扩散和吸附-化学反应两大步。因此影响矿物酸碱浸出的因素为：原矿性质（矿物组成、渗透性、孔隙度）；操作因素（矿物粒度、浸出试剂浓度、矿浆浓度、浸出时间及浸出时的搅拌）。

因矿物自身因素无可调节性，故操作因素成为影响酸碱提纯效果的主要因素。因此，在生产工艺上，影响浸出速度的主要因素有以下几条。

（1）浸出剂浓度。浸出剂浓度是影响浸出速度的主要因素之一。浸出速度随浸出剂的浓度增加而增大，但浓度过大，有时会增大不希望溶解的组分或杂质的溶解。适宜浓度应是欲浸出组分的溶解速度最大而杂质溶解量最小。

（2）矿浆浓度。矿浆浓度的大小既影响浸出试剂的消耗量，又影响矿浆的黏度，从而影响浸出效率和后续处理。浸出速度通常是随矿浆浓度减小而增大，因为这样能保持溶液中浸出物浓度始终较低。降低矿浆浓度，可减小矿浆黏度，有利于矿浆的搅拌、输送、固液分离和获得较高的浸出率。因此，用大量浸出剂去浸出少量固体物料，可提高速度，但应考虑经济效益。

（3）搅拌作用。搅拌可减小扩散层厚度，增大扩散系数。浸出时进行搅拌会加速整个浸出反应的完成，其浸出速度和浸出率高。通常情况下，搅拌速度适当增加，浸出效果亦好；搅拌速度过高，会导致矿粒随溶液的"同步"运动，此时搅拌会失去其降低扩散层厚度的作用，且增加能耗。

（4）浸出温度。提高温度会加快化学反应速率和分子扩散运动，因而能加快浸出速度。在低温下，化学反应速率往往远低于扩散速度，即浸出过程是化学控制的；在高温下，化学反应速率加快到远高于扩散速度，过程变为扩散控制。

（5）矿物原料的粒度。矿物原料的粒度对固液相界面及矿浆黏度有较大影响。在一定的粒度范围内，增加细度可提高浸出速率。但过细会增加矿浆黏度，使扩散阻力增大而降低浸出速度。

5.2.5.3 氧化-还原法

作为填料或颜料在工业中使用的非金属矿物粉体材料，如高岭土、重晶石粉等这些用作陶瓷、造纸和化工填料的矿物，要求具有很高的白度和亮度，而自然界产出的天然矿物中，往往因含有一些着色杂质而影响其自然白度。采用常规选矿方法，往往因矿物粒度极细和矿物与杂质紧密共生而难以奏效。因此，采用氧化还原漂白方法将非金属矿物提纯是一条有效的途径。

非金属矿物中有害的着色杂质主要是有机质（包括碳、石墨等）和含铁、钛、锰等矿物，如黄铁矿、褐铁矿、赤铁矿、锐钛矿等。由于有机物通过煅烧等方法容易除去，因此上述金属氧化物成为提高矿物白度的主要处理对象。采用强酸溶解的方法，固然能将上述铁、钛化合物大部分除掉，但是，强酸（如盐酸、硫酸等）在溶解氧化铁、氧化钛的同时，也会溶解氧化铝，从而有可能破坏高岭土等黏土类矿物的晶格结构。因此，氧化还原漂白法在非金属矿物漂白提纯中占有重要的地位。目前常用的漂白方法包括氧化法、还原法、氧化还原联合法三种，其中还原法应用得最广泛。

5.2.6 其他选矿提纯技术

5.2.6.1 磁流体选矿

A 概述

磁流体，也称磁性液体，一般是加入表面活性剂包覆的磁性颗粒（直径约为 10mm）分布于基液中形成的胶体溶液。磁流体的组成一般包括磁性颗粒、表面活性剂和基液。磁流体能够稳定存在而不发生沉降，是因为永不停息的布朗运动阻止纳米颗粒在重力作用下发生沉降，表面活性剂层如油酸或聚合物涂层包覆纳米颗粒，以提供短距离的空间位阻和颗粒之间的静电斥力，防止纳米颗粒团聚。

磁流体分选是 20 世纪 60 年代发展起来的一项选矿新技术。在磁场或磁场与电场联合作用下所能磁化的液体，对其中的矿粒产生一种磁浮力，或其本身起一种"似加重"作用，这种液体称为磁流体。磁流体分选是以特殊的流体如顺磁性液体、铁磁性悬浮液和电解质溶液作为分选介质，利用流体在磁场或磁场和电场的联合作用下产生的"加重"作用，按矿物之间的磁性、导电性和密度的差异，使不同矿物实现分选的一种新分选方法。磁流体分选工艺能否得到广泛的工业应用取决于廉价磁流体的制备。水基铁磁流体有望成为有效且廉价的磁流体，Fe_3O_4 是目前为止研究得比较多的磁流体物质。

磁流体的制备主要包括三个步骤：

（1）制备磁性纳米颗粒；

（2）对磁性纳米颗粒进行抗团聚处理；

（3）磁性颗粒与基液混合。

磁流体通常采用强电解质溶液、顺磁性溶液和铁磁性胶体悬浮液。似加重后的磁流体仍然具有液体原来的物理性质，如密度、流动性、黏滞性等。似加重后的密度称为视在密度，它可以通过改变外磁场强度、磁场梯度或电场强度来调节。视在密度高于流体密度（真密度）数倍，流体真密度一般为 1400 ~ 1600kg/m³，而似加重后的流体视在密度可高达 19000kg/m³，因此，磁流体分选可以分离密度范围宽的固体矿物。磁流体分选根据分离原理与介质的不同。可分为磁流体动力分选和磁流体静力分选两种。

B 分选介质

理想的分选介质应具有磁化率高、密度大、黏度低、稳定性好、无毒、无刺激性气味、无色透明、价廉易得等特性条件。

a 顺磁性盐溶液

顺磁性盐溶液有 30 余种，Mn、Fe、Ni、Co 盐的水溶液均可作为分选介质。其中有实用意义的有 $MnCl_2 \cdot 4H_2O$、$MnBr_2$、$MnSO_4$、$Mn(NO_3)_2$、$FeCl_2$、$FeSO_4$、$Fe(NO_3)_2 \cdot 2H_2O$、$NiCl_2$、$NiBr_2$、$NiSO_4$、$CoCl_2$、$CoBr_2$ 和 $CoSO_4$ 等。这些溶液的体积磁化率小于 $10^{-7}m^3/kg$，且黏度低、无毒。其中 $MnCl_2$ 溶液的视在密度可达 11000 ~ 12000kg/m³，是

重悬浮液不能比拟的。

$MnCl_2$ 和 $Mn(NO_3)_2$ 溶液基本具有上述分选介质所要求的特性条件，是较理想的分选介质。分离固体矿物（轻产物密度 < $3000kg/m^3$）时，可选用更便宜的 $FeSO_4$、$MnSO_4$ 和 $CoSO_4$ 水溶液。

b　铁磁性胶粒悬浮液

一般采用超细粒（0.1nm）磁铁矿胶作为分散质，用油酸、煤油等非极生液体介质，并添加表面活性剂为分散剂调制成铁磁性胶黏悬浮液，一般每升该悬浮液中含 $10^7 \sim 10^8$ 个磁铁矿粒子。其真密度为 $1050 \sim 2000kg/m^3$，在外磁场及电场作用下，可使介质加重到 $20000kg/m^3$。这种磁流体介质黏度高，稳定性差，介质回收再生困难。

C　磁流体分选原理

磁流体的分选原理是建立在重介质分选基础上的，磁流体就相当于重介质，但是又不同于重介质选矿的是，磁流体作为分选介质是通过磁场调节密度梯度分布实现多密度级分选的。磁流体分选根据分离原理及介质的不同，可分为磁流体动力分选和磁流体静力分选两种。

(1) 磁流体动力分选（MHDS）。磁流体动力分选是在磁场（均匀磁场或非均匀磁场）与电场的联合作用下，以强电解质溶液为分选介质，按固体矿物中各组分向密度、比磁化率和电导率的差异分选弱磁性或非磁性矿物的一种选矿技术。

(2) 磁流体静力分选（MHSS）。磁流体静力分选是在非均匀磁场中，以顺磁性液体和铁磁性胶体悬浮液为分选介质，按固体矿物中各组分间密度和比磁化率的差异进行分离。由于不加电场，不存在电场和磁场联合作用产生的特性涡流，故称为静力分选。

磁流体静力分选中被分选颗粒一般均要求为非磁性颗粒。另外，由于磁性物仍为微细颗粒，对于体积相似的颗粒会产生静电吸引作用而影响感应磁场的分布，进而影响分选，故不宜分选煤泥含量高的物料及过细物料。

磁流体静力分选的优点是视在密度高，如磁铁矿微粒制成的铁磁性胶体悬浮液视在密度高达 $19000kg/m^3$，介质黏度较小，分离精度高。缺点是分选设备较复杂，介质价格较高，回收困难，处理能力较小。

通常，要求分离精度高时，采用静力分选；固体矿物中各组分间电导率差异大时，采用动力分选。

磁流体分选是一种重力分选和磁力分选联合作用的分选过程。各种物质在似加重介质中按密度差异分离，这与重力分选相似，在磁场中按各种物质间磁性（或电性）差异分离，这与磁选相似。磁流体分选不仅可以将磁性和非磁性物质分离，而且也可以将非磁性物质按密度差异分离。因此，磁流体分选法将在矿物加工中占有特殊的地位。

5.2.6.2　摩擦洗矿

非金属矿物以水为介质浸泡，之后进行冲洗并辅以机械搅动（必要时须配加分散剂），借助于矿物本身之间的摩擦作用，将被矿泥黏附的矿物颗粒解离出来并与黏土杂质相分离，称之为摩擦洗矿。摩擦洗矿是处理与黏土胶黏在一起或含泥较多的矿物的一种工艺，包括碎散和分离两项作业。对于硅酸盐类非金属矿物，如石英、长石等，裸露地表的原生矿床经长期风化，矿粒被黏土矿物或岩石的分解物包裹，形成胶结或泥浆体，表面上观察呈块状者颇多。这种情况下在分选之前常采用同矿石破碎相区别的摩擦洗矿碎解方法进行矿物单体分离,既清除矿物颗粒表面黏附物,又可防止不必要的粉碎或过粉碎。处理一些风化或原生微细粒非金属矿物,可使矿物颗粒表面净化,露出能反映矿石本身性质的表面,除去杂质后,不仅可使矿物颗粒本身得到提纯,也为后序选矿提纯作业(如浮选)改善了条件。摩擦洗矿既可作为其他提纯作业的前期准备,也可单独完成矿物的提纯。

用于矿物擦洗的设备主要有摩擦洗矿机、圆筒洗矿机和槽式洗矿机等。

5.2.6.3　拣选

拣选是利用矿石的表面特征、光性、电性、磁性、放射性及矿石对射线的吸收和反射能力等物理特性,使有用矿物和脉石矿物分离的一种选矿方法。拣选主要用于块状和粒状物料的分选,如除去大块废石或拣出大块富矿。其分选粒度上限可达 $250 \sim 300mm$,下限为 $10mm$,个别贵重矿物(如金刚石),下限可至 $0.5 \sim 1mm$。对非金属矿物的分选来说,拣选具有特殊作用,可用于预先富集或获得最终产品,如对原生金刚石矿石,采用拣选可预先使金刚石和废石分离;对金刚石粗选和精选,采用拣选可获得金刚石成品。同样,对于大理石、石灰石、石音、滑石、高岭土、石棉等非金属矿物,均可采用拣选获得纯度较高的最终成品。由此可以看出、拣选的应用范围已不单单是预选,还可用于粗选、精选和扫选等选别作业。目前,拣选已经成为一种不可忽视、无可替代的选矿方法。

拣选分为流水选(连续选)、份选(堆选)、块选三种方式。流水选指定厚度的物料层连续通过探测区的拣选方法。份选和块选是指一份或一块矿石单独通过探测区的拣选方法。目前工业上分选以块选为主,包括手选(即人工拣选)和机械(自动)拣选两种方式。

A　人工拣选

人工拣选是指根据有用矿物和脉石矿物之间的外观特征(颜色、光泽、形状等)的不同,用手分拣出有用矿物和脉石矿物。手选是最简单的拣选方式,有正手选和反手选两种选矿方式,前者是指从物料中分拣出有用矿物,而后者是指从物料中分拣出脉石矿物。手选主要用于机械方法不好拣选或保证不了质量的矿石,如拣选长纤维的石棉、片状云母,从煤系高岭石中拣出大块废石(石英、长石)等。手选的缺点是劳动强度大、效率低。

人工拣选一般在手选场、固定格条筛、手选皮带机和手选台上进行。常用的手选设备有手选皮带和手选台两种。手选皮带要求平皮带,宽度不大于 $1.2m$,速度 $0.2 \sim 0.4m/s$,倾角不大于 $15°$,距地面 $0.7 \sim 0.8m$,照明距地面 $2m$。手选台一般按 4 人面积 $3.2m^2$ 计。

B　机械拣选

机械拣选是根据矿石外观特征及矿石受可见光、X 射线、γ 射线照射后所呈现的差异或矿石天然辐射能力的差别,借助仪器实现有用矿物和脉石分离的选矿方法。各种机械拣选方法见表 5-12。

表 5-12　机械拣选种类、特性及应用范围

拣选名称	辐射种类	波长范围/μm	利用的特性	应用范围
放射性拣选	γ 射线	$<10^{-1}$	天然 γ 放射性	铀、钍矿石伴生元素

续表 5-12

拣选名称	辐射种类	波长范围/μm	利用的特性	应用范围
射线吸收拣选（γ射线吸收法、X射线吸收法、中子吸收法）	γ射线	$<10^{-1}$	通过矿石的γ射线强度、X射线机中子辐射密度	煤和矸石及铁、铬矿石
	X射线	$0.5 \sim 1$		
	γ中子	$<10^{-1}$		
发光性拣选（γ荧光法、X荧光法、紫外荧光法、红外线法）	γ射线	$<10^{-1}$	矿石放射荧光强度及发射的红外射线	金刚石、萤石、白钨矿、石棉
	X射线	$0.5 \sim 1$		
	紫外线	$0.1 \sim 0.4$		
光电拣选	可见光	$0.4 \sim 0.78$	矿物反射、透射、折射能力差异	石膏、滑石、石棉、大理石、石灰石
	X射线	$0.5 \sim 1$		
电磁拣选	无线电波	$10^3 \sim 10^{11}$	电磁场能量变化、电导率差异	金属硫化矿及氧化矿

a 光电拣选

目前，非金属矿工业较为常用且设备成熟的就是光电拣选，光电拣选是指利用矿物反制、透射或折射可见光能力的差别及发光性，将有用矿物和脉石分离。矿物的漫反射、颜色、透明度、半透明度等光学性质也可用于光电拣选。两种矿物反射率差值在 5%~10% 之间即可进行光电拣选。光电拣选光源有白炽灯、荧光灯、石英卤素灯、激光及 X 射线等。光电拣选在我国主要用于金刚石的分选。

固体物料在进行光电拣选之前，需要预先进行筛分分级，使之成为窄粒级固体物料，并清除入选物料中的粉尘，以保证信号清晰，提高分离精度。光电拣选具体过程为：入选物料经预先分级后进入料斗，由振动溜槽均匀地逐个落入高速沟槽进料皮带上，在皮带上拉开一定距离并排队前进，从皮带首段抛入光检箱受检。当颗粒通过光检测区时，受光源照射，背景板显示颗粒的颜色或色调，当欲选颗粒的颜色与背景颜色不同时，反射光经光电倍增管转换为电信号（此信号随反射光的强度变化），电子电路分析该信号后，产生控制信号驱动高频气阀，喷射出压缩空气，将电子电路分析出的异色颗粒（欲选颗粒）吹离原来下落轨道，加以收集。而颜色符合要求的颗粒仍按原来的轨道自由下落加以收集，从而实现分离。

b 激发光拣选

激发光拣选是以某些矿物在激发源照射下选择性发光，而与其伴生的绝大多数脉石矿物不发光的原理为依据，从而进行分选的方法。

发光过程由三个阶段组成：物质对激发射线能量的吸收，物质内部激发能量的转换和传递，以及物质内发光中心的发光和物质内部平衡状态的恢复。物质的发光有不同的形式，在某些情况下，发光与激发同时存在同时消失，这种光叫做荧光。发荧光的物质称为荧光物质。在另外一些情况下，当激发停止后，发光仍能持续段时间，有时长达 1~2h，这种光叫做磷光。发磷光的物质称作磷光物质。研究结果表明，矿物的发光可分为光致发光、X 射线发光、阴极射线发光和放射发光等。

在采用激发光拣选法拣选矿物时，须对脉石矿物进行发光考察，否则将会干扰发光信号，致使拣选过程终止。

c　磁性检测拣选

磁性检测拣选法是指利用有用矿物和脉石之间磁性的差异进行分选的方法。磁性检测拣选法是通过检测器件收集磁性矿物的磁性信号，进而输送给电子信息处理系统进行放大、鉴别，并指令执行机构动作，使磁性矿物与非磁性矿物分离开来。

大部分矿物的磁性，取决于磁性矿物在其中的含量、化学组成特点、铁磁性矿物颗粒的大小以及结合特征等。表征矿物在磁场中被磁化的难易程度的物理量，称作磁化系数，又称作磁化率，以 χ 表示。磁性检测拣选法常以该物理量的值来标定矿物可选性难易程度。

d　光度拣选

光度拣选，又称光选法，是指在可见光区域的拣选。可见光区域波长范围为 350～70nm，以白炽灯、日光灯、散光为光源。当矿物受到光照射，便会产生各种特征色，故光选就是对矿物的颜色分选，需要注意的是，水分对光选有很大的影响。在拣选过程中，如果入选矿物的干湿程度不同，尤其是表面有一层水膜后，则会造成光选效果的偏差。

光选法分为漫反射单光拣选法、漫反射双光拣选法、透明度法和表面荧光法等。

e　电极法拣选

根据矿物电导性能差异进行分选的方法，称为电极法，也称电导率计拣选法。矿物的导电性，通过测定矿物的电导率来求得（电阻率的倒数就是电导率）：

$$\rho = RS/L$$

式中，ρ 为电阻率，$\Omega \cdot m$；R 为电阻，Ω；L 为长度，m；S 为横截面积，m^2。

矿物的电阻率取决于矿物组成的电阻率、矿物的百分含量以及矿物晶体和颗粒间相互联系的特征。如矿物中所含导体矿物是彼此连接的，则矿物的电阻率就低；如果所含导体矿物彼此隔离，则电阻率就大。

电极法拣选过程如下：将给矿装置的盘石作为一个电极，以电刷触头为另一个电板，两电极呈直角安装，对穿过两级并在设定长度上的矿块进行测量，电子信息处理系统处理检测结果，并与给定的分离参数比较，最后由执行机构完成有用矿物和脉石的分离任务。

f　核辐射拣选法

核辐射拣选法的研究始于 20 世纪 50 年代，到 60 年代才首次得到使用。该方法是指以外辐射源和自身放射性为基础的分选方法。

核辐射拣选法包括两方面内容：一是依据矿物原料中，有用矿物和脉石自身天然放射性的差异而进行分选的方法；二是借助外部辐射源对物料进行照射，根据射线与矿块物质相互作用时，有用矿物和脉石所产生的某种效应的差异而进行分选的方法。

核辐射拣选法分选矿物原料过程如下：一定粒级的物料，受到辐射源放射出来的某种射线的照射，当射线（粒子）与矿块物质相互作用时，射线或被吸收，或产生散射和其他射线，它们中有 α、β、γ 或中子射线以及辐射离子等。检测系统对上述过程中的某一种特性予以探测，从而将探测到的信号输送给信息处理系统，该系统再对信号进行放大、鉴别等处理过程，最后执行机构发出指令信号，于是，执行机构便可将物料分成有用矿物和脉石两种产物。

5.2.6.4 摩擦与弹跳分选

摩擦与弹跳分选是根据固体颗粒中各组分摩擦系数和碰撞系数的差异，在与斜面碰撞弹跳时产生不同的运动速度和弹跳轨迹而实现彼此分离的一种处理方法。

固体颗粒从斜面顶端给入，并沿着斜面向下运动时，其运动方式随颗粒的形状或密度不同而不同，其中纤维状或片状几乎全靠滑动，球形颗粒有滑动、滚动和弹跳三种运动方式。

单颗粒单体在斜面上向下运动时，纤维状或片状体的滑动加速度较小，运动速度较小，所以它脱离斜面抛出的初速度较小；而球形颗粒由于是滑动、滚动和弹跳相结合的运动，其加速度较大，运动速度较快，因此它脱离斜面抛出的初速度较大。

当颗粒离开斜面抛出时，受空气阻力的影响，抛射轨迹并不严格沿着抛物线前进，其中纤维状颗粒由于形状特殊，受空气阻力影响较大，在空气中减速很快，抛射轨迹表现出严重的不对称（抛射开始接近抛物线，其后接近垂直落下），故抛射不远。球形颗粒受空气阻力较小，在空气中运动减速较慢，抛射轨迹表现对称，抛射较远。因此在非金属矿物中，纤维状与颗粒状、片状与颗粒状，因形状不同在斜面上运动或弹跳时，产生不同的运动速度和运动轨迹，因而可以彼此分离。

摩擦与弹跳分选设备有带筛式分选机、斜板运输分选机和反弹辊筒分选机三种。

5.2.6.5 微生物选矿

A 概述

矿物的微生物加工技术是一门新兴的矿物加工技术，它包括微生物浸出技术和微生物选矿技术（微生物浮选技术）。微生物浸出技术主要应用于冶金行业，指利用微生物自身的氧化特性或微生物代谢产物，如有机酸、无机酸和三价铁离子等，将矿物中有价金属以离子形式溶解到浸出液中加以回收，或将矿物中有害元素溶解并除去的方法。利用微生物的这种性质，结合湿法冶金等相关工艺，形成了生物冶金技术。微生物选矿是利用某些微生物或其代谢产物与矿物相互作用，产生氧化、还原、溶解、吸附等反应，从而脱除矿石中不需要的组分或回收其中的有价金属的技术。

从微生物选矿与微生物浸出的定义可以看出，微生物浸出主要是利用微生物自身的氧化特性与微生物的代谢产物，使矿物的某些组分氧化，进而使有用的组分以可溶态的形式与原物分离，从而得到目的组分的工程。而微生物选矿不仅是指微生物或其代谢产物与矿物相互作用产生氧化反应的过程，还涉及微生物或其代谢产物与矿物相互作用发生还原、溶解、吸附等反应从而脱除矿石中不需要的组分，或回收其中的有价金属的过程，这就是微生物选矿与微生物浸出的主要区别所在。

B 选矿微生物

微生物是指一切肉眼看不见或看不清的微小生物，在自然界分布极广，土壤、空气、水、物体表面、生物体表面及内部均有微生物的分布。微生物生命活动的基本特征就是吸附生长，而微生物的吸附生长必然会以本身或代谢产物性质影响和改变被吸附物体的表面性质，如表面元素的氧化还原性、溶解沉降性、电性及湿润性等。微生物在物体表面吸附生长，并以本身特有的性质影响和改变被吸附物体表面性质的作用，类似于选矿药剂在矿物表面吸附、调整和改变矿物表面性质的作用。另外，微生物分布的广泛性、微生物的可培养性和可驯化性等特点，使得人类获得所需品种、所需数量的微生物选矿药剂成为可能。

生物选矿可以利用的微生物种类很多，但目前仅开发出少数几类，并且大多尚停留在实验室研究阶段（见表 5-13）。用于生物选矿的微生物有的是从矿床和矿山的水中分离出来，反过来被应用于选矿研究中；有的则是研究者们通过测定菌种独特的表面化学性能，来决定是否用其开展选矿试验。选用的微生物形式多种多样，包括微生物及其代谢产物的溶解菌体和冻干菌体等。

表 5-13 目前已用于选矿研究的微生物

微生物名称	接触角/(°)	特　征	主要功能
氧化亚铁硫杆菌	26.8±0.8	杆状，大小 0.5μm×（1.0~2.0）μm，典型革兰氏阴性菌，单鞭毛，可动，严格好氧，严格无机化能自养	脱硫，抑制黄铁矿
氧化硫硫杆菌	26.8±0.8	杆状，大小（0.3~0.5）μm×（1.0~1.7）μm，典型革兰氏阴性菌，单鞭毛，可动，严格好氧，严格无机化能自养	脱硫，抑制黄铁矿
草分枝杆菌	70.0±5.0	短杆状或短棒状，菌体长 1.0~2.0μm，革兰氏阳性菌	抑制白云石，赤铁矿捕收剂
多黏类芽孢杆菌	42.0±2.0	杆状，（0.6~0.8）μm×（2.0~5.0）μm，革兰氏阳性菌，异养型微生物，嗜中性，有动力，不定，好氧或兼性厌氧生长	黄铁矿分离
枯草杆菌	32.9±9.0	椭圆到柱形，单个细胞（0.7~0.8）μm×（2.0~3.0）μm，革兰氏阳性菌，好氧	抑制磷灰石和白云石
浑浊红球菌	70.0±5.0	1.0μm×2.0μm，单细胞革兰氏阳性菌，化能有机营养菌	方解石和菱镁矿的捕收剂

生物选矿技术具有简单易行、成本低、能耗少且污染少等特点。微生物选矿技术在选矿中展示出良好的应用前景，可以预言，它将改变一些传统的选矿方法和概念，使选矿过程产生一些根本的变革，从根本上使传统的选矿方法高技术化。微生物选矿的应用研究，已取得了一些令人鼓舞的实验研究成果，为它今后在工业上的大规模实际应用展示了美好前景，但它离大规模的工业应用还有相当一段距离。

目前仍然有大量的基础研究和应用研究必须进行，主要有以下几个方面：

（1）微生物表面化学性质研究，尤其是微生物表面电性和疏水性的研究；

（2）微生物与矿物表面作用机理研究，阐明微生物与矿物表面之间的主要作用力；

（3）微生物培养方法研究；

（4）降低微生物培养成本，利用制药、食品等工业有机废料作为微生物培养基成分，是降低微生物培养成本的切实可行的措施；

（5）加强微生物选矿药剂的工业应用研究，尤其是加强价廉、高效、适应性强、利于包装、便于使用的无害微生物选矿药剂的工业应用研究，而这方面的研究，可能是促进微生物选矿药剂工业应用的重要前提。

5.2.6.6 高温煅烧提纯技术

A 概述

高温煅烧作为一种提纯手段，主要是将非金属矿物中比较容易挥发的杂质（如炭质、有机质等），以及特别耐高温的矿物中耐火度较低的矿物通过煅烧而蒸发掉。也就是说，煅烧是依据矿物中各组分分解温度或在高温下化学反应的差别，有目的地富集某种矿物组分或化学成分的方法。对于许多矿物，煅烧处理同时具有提纯和改性两种功能，这里只涉及提纯。

非金属矿煅烧或热处理是重要的选矿提纯技术之一，其主要目的如下。

（1）使目的矿物发生物理和化学变化。在适宜的气氛和低于矿物原料熔点的温度条件下，使矿物原料中的目的矿物发生物理和化学变化，如矿物（化合物）受热脱除结构水或分解为一种组成更简单的矿物（化合物）、矿物中的某些有害组分（如氧化铁）被气化脱除或矿物本身发生晶形转变，最终使产品的白度（或亮度）、孔隙率、活性等性能提高和优化。如高岭土煅烧脱结构水而生成偏高岭石、硅铝尖晶石和莫来石；石膏矿（二水石膏）经低温煅烧成为半水石膏，高温煅烧则成为无水石膏或硬石膏；凹凸棒石及海泡石煅烧后可排出大量吸附水和结构水，使颗粒内部结晶破坏而变得松弛，比表面积和孔隙率成倍增加；铝土矿（水合氧化铝）和水镁石（氢氧化镁）煅烧后脱除结晶水生成氧化铝或氧化镁；滑石在600℃以上的温度下煅烧，脱除结构水，晶格内部重新排列组合，形成偏硅酸盐和活性二氧化硅。表5-14列出一些含水矿物的脱除结构水的温度范围。

表 5-14 一些含水矿物脱除结构水的温度范围

矿物名称		化学组成	结晶完整程度	脱除结构水温度/℃
高岭石族	地开石	$Al_2O_3 \cdot 2SiO_2 \cdot 2H_2O$	柱状晶体，解理片似菱形	600~680
	珍珠陶土	$Al_2O_3 \cdot 2SiO_2 \cdot 2H_2O$	解理片呈楔形，有珍珠光泽，不吸收染料	600~680
	高岭石	$Al_2O_3 \cdot 2SiO_2 \cdot 2H_2O$	晶体呈片状，吸收染料变为多色性	480~600
	多水高岭石(埃洛石)	$Al_2O_3 \cdot 2SiO_2 \cdot 6H_2O$	结晶程度低，呈管状结晶	480~600
蒙脱石		$Al_2O_3 \cdot 4SiO_2 \cdot 3H_2O$	含结晶水的铝硅酸盐	550~750
伊利石		$KAl_2[(Al, Si) Si_3O_{10}](OH)_2 \cdot nH_2O$		550~650
叶蜡石		$Al_2O_3 \cdot 4SiO_2 \cdot H_2O$		600~750
一水铝石		$Al_2O_3 \cdot H_2O$	非晶质含水矿	450~650
三水铝石		$Al_2O_3 \cdot 3H_2O$		250~450
石膏		$CaSO_4 \cdot 2H_2O$	含结晶水的硫酸盐矿物	130~270
氢氧化铁		$Fe(OH)_3$		65

（2）使碳酸盐矿物和硫酸盐矿物发生分解。碳酸盐矿物主要是指石灰石、白云石、菱镁矿等，经高温煅烧后生成氧化物和二氧化碳。硫酸盐矿物主要是指硫酸钙和硫酸钡，高温煅烧后生成氧化物及硫化物。

（3）使硫化物、碳质及有机物氧化。在一些非金属矿物如硅藻土、煤系高岭石及其他黏土矿物中，常含有一定的碳质、硫化物或有机质，通过在适宜温度下煅烧可以除去这些杂质，使矿物的纯度、白度、孔隙率提高。

（4）熔融和烧成。熔融是将固体矿物或岩石在熔点条件下转变为液相高温流体；烧成是在高于矿物热分解温度下进行的高温煅烧，也称重烧，目的是稳定氧化物或硅酸盐矿物的物理状态，变为稳定的固相材料。为了促进变化的进行，有时也使用矿化剂或稳定剂。这个稳定化处理，从现象上看有再结晶作用，目的在于使矿物变为稳定型变体，具有高密度和常压稳定性等特性。

熔融和烧成常用来制备低共熔化合物，如一硅酸钠、偏硅酸钠、正硅酸钠以及四硅酸钾、偏硅酸钾、二硅酸钾、轻烧镁、重烧镁、铸石以及玻璃、陶瓷和耐火材料等。

B 煅烧反应分类

煅烧过程中，矿物组分发生的变化称为煅烧反应。煅烧反应主要是在热发生器（各种煅烧窑炉）中发生于气-固界面的多相化学反应，该反应同样遵循热力学和质量作用定律。根据煅烧过程中主要煅烧反应的不同，可将煅烧方法分为六类：还原煅烧、氧化煅烧、氯化煅烧、加盐煅烧、离析煅烧和磁化煅烧。

a 还原煅烧

还原煅烧是指在还原气氛中使高价态的金属氧化物还原为低价态的金属氧化物或矿物在还原气氛中进行的煅烧。除了汞和银的氧化物在低于400℃的温度条件下于空气中加热可以分解析出金属外，绝大多数金属氧化物不能用热分解的方法还原，只能采用添加还原剂的方法将其还原。凡是对氧的化学亲和力比被还原的金属对氧的亲和力大的物质均可作为该金属氧化物的还原剂。在较高的温度下，碳可以作为许多金属氧化物的还原剂。生产中常用的还原剂为固体碳、一氧化碳气体和氢气。

b 氧化煅烧

氧化煅烧指在氧化气氛中加热矿物，使炉气中的氧与矿物中某些组分作用或矿物本身在氧化气氛中进行的煅烧。在这里氧化煅烧主要是指将金属硫化物转变为相应的氧化物和或硫酸盐的一种煅烧方法，涉及的反应方程式如下：

$$2MS + 3O_2 = 2MO + 2SO_2$$

$$2SO_2 + O_2 = 2SO_3$$

$$MO + SO_3 = MSO_4$$

工业上氧化煅烧多用于对黄铁矿进行杂质的脱除及有用组分的氧化富集，设备多为多膛炉、回转窑和沸腾炉等。氧化煅烧的温度高于其着火温度，但应低于其熔化温度，煅烧温度一般在580~800℃之间，温度过高会出现烧结的现象。

c 氯化煅烧

氯化煅烧可以说是在直接氯化和氧化煅烧预处理的基础上发展起来的。氯化煅烧是指在一定条件下，借助氯化剂的作用，使物料中的某些组分转变为气相或凝聚相的氯化物，以使目的组分和其他组分分离富集的过程。

氯化煅烧中应用的氧化剂有氧、氧化氢、四氯化碳、氯化钙、氧化钠、氯化铵等，但最常见的是氯、氯化氢、氯化钙和氯化钠。

d 加盐煅烧

加盐煅烧指的是在矿物原料焙烧中加入钠盐，如 Na_2CO_3、$NaCl$ 和 $NaSO_4$ 等，在一定的温度和气氛下，使矿物原料中的难溶目的组分转变为可溶性的相应钠盐的变化过程。所得焙砂（烧结块）可用水、稀酸或稀碱进行浸出，目的组分转变为溶液，从而使有用组分分离富集。加盐煅烧可用于提取有用成分，也可用于除去难选粗精矿中的某些杂质。在非金属矿的选矿提纯中，加盐煅烧主要用于去除石墨、高岭土等精矿中的磷、铝、硅、钒、钼等杂质，在煅烧过程中加入盐类添加剂，使之转化成相应的可溶性盐，便于浸出。

加盐煅烧比一般煅烧温度高，接近物料的软化点，但仍低于物料的熔点，此时熔剂熔融形成部分液相，使反应试剂较好地与炉料接触，可增加反应速率。因此，此作业的目的不是烧结而是使难溶的目的组分矿物转变为相应的可溶性钠盐，烧结块可以直接送去水淬浸出或冷却磨细后浸出。

e 离析煅烧

离析煅烧是指在中性或还原气氛中加热矿物，使其中的有价组分与固态氯化剂（氯化钠或氯化钙）反应，生成挥发性气态金属氯化物，随机沉淀在炉料中的还原剂表面。

f 磁化煅烧

磁化煅烧是将含铁矿物原料在低于其熔点的温度和一定的气氛下进行加热反应，使弱磁性铁矿物（如赤铁矿、褐铁矿、菱铁矿和红铁矿等）转变为强磁性铁矿物（一般为磁铁矿）的一种煅烧方法，常用于铁矿的磁选分离和富集的预处理过程，一般仅是磁选的辅助作业，在冶金、选矿和化工领域有着广泛的应用。工业上常用的磁化煅烧设备主要有竖炉、回转窑和沸腾炉等，实验室中常用的装置有马弗炉、管式炉等。

5.3 典型非金属矿选别方法

5.3.1 石英

石英砂中的有害杂质主要有黏土杂质（细泥等）、各种含铁矿物以及长石、云母及其他矿物杂质等，一般采用洗矿、重选、磁选、浮选和化学选矿及综合选矿方法进行选别。

（1）洗矿法。此法包括机械擦洗、超声波擦洗、脱泥等方法，适用于含有黏土杂质和砂粒表面有薄膜污染的石英砂矿。擦洗脱泥可以除去原砂中的黏土和砂粒表面的杂质，是一般砂矿广泛采用的辅助选矿方法。另外，以擦洗为主要目的的选择性磨矿法，可使部分风化严重的长石粉碎、水洗脱除。超声波擦洗法是通过超声波的作用，使矿物表面薄膜铁剥离。这种方法擦洗时间短，除铁效果较好。

（2）重选法。此法包括摇床重选、水力分级、螺旋分级等。用摇床可除去以颗粒状态存在的铁矿物及其他矿物；水力分级、螺旋分级等方法可将宽粒级原砂分成不同粒级，以满足工业应用的要求；同时螺旋分级还可以分离重金属矿物。

（3）磁选法。此法可除去石英砂中夹杂的机械铁、各种含铁矿物及其他磁性矿物颗粒，采用强磁选机，可除去弱磁性矿物及含有铁质矿物的包裹体、浸染体的石英颗粒。

（4）浮选法。此法可以浮选出石英砂中的含铁矿物或浮选出石英砂中的云母或浮选出长石。

（5）化学提纯法。化学处理法在处理水晶原料及加工高纯（SiO_2 含量要求在 99.9% 以上，Fe_2O_3 等杂质小于 $10×10^{-6}$）石英原料（替代水晶）时，化学处理是最有效的方法之一。

1）酸处理即是用盐酸、硫酸、草酸或氢氟酸对石英砂进行处理，使其中的薄膜铁、浸染铁或其他含铁颗粒与之作用，生产易溶解的化合物，当加入绿矾等还原剂时，还可提高这种铁化合物的溶解度。

2）碱处理方法主要使用 NaOH 和 Na_2CO_3 使不溶性的有价金属转化为可溶性钠盐。在搅拌槽中，将选过的砂加入 NaOH，搅拌处理后滤出溶液，清洗石英砂，可降低 Fe_2O_3 含量。

3）气态 HCl 处理法是将砂子置于一个锅中，加热通入 HCl 气体处理，然后将石英砂清洗。

4）盐处理法主要使用氯化铵或氯化钠。氧化铵可以是溶液，也可以是干料，将其与石英混合后，加热到使氯化铵分解的温度。使用氧化钠时，将石英砂放入其溶液中浸泡，然后将砂在高温炉中煅烧，使砂中的铁以 $FeCl_2$ 或 $FeCl_3$ 逸出。

5.3.2　萤石

萤石常与石英、方解石、重晶石和硫化矿共生，因此，不经过选矿直接利用的萤石在自然界很少见。根据矿石性质和用户对产品质量的要求，要采用不同的选矿方法，如冶金级萤石一般用破碎筛分和人工拣选的方法，酸级和陶瓷级粉状萤石常采用浮选法富集，尤其是分选高纯度萤石粉均采用浮选法。

萤石是非金属矿物中易浮的矿物之一。浮选常用脂肪酸类阴离子类捕收剂，此类药剂易于吸附于萤石表面，且不宜解吸。适宜的 pH 值为 8~10，提高矿浆温度能显著提高浮选效果。萤石的浮选方法因伴生矿物种类不同而略有不同。

对于石英-萤石型矿石，多采用一次磨矿粗选、粗精矿再磨、多次精选的工艺流程。其药剂制度常以碳酸钠为调整剂，调至碱性，以防止水中多价阳离子对石英的活化作用，用脂肪酸类作捕收剂时加少量的水玻璃抑制硅酸盐类脉石矿物。

对于碳酸盐-萤石型矿石，萤石和方解石全是含钙矿物，用脂肪酸类作捕收剂时均具有强烈的吸附作用。因此，萤石和方解石等碳酸盐矿物的分离是比较难的问题之一。在生产中为提高萤石精矿的品位，必须在抑制剂方面寻求有效措施。含钙矿物的抑制剂有水玻璃、偏磷酸钠、木质素磺酸盐、糊精、单宁酸、草酸等，多以组合药制形式加入浮选矿浆，如栲胶+硅酸钠，硫酸+硅酸钠（又称酸化水玻璃），硫酸+水玻璃等，对抑制方解石和硅酸盐矿物具有明显效果。

硫化矿-萤石型矿石，主要以含锌、铅矿物为主，萤石为伴生矿物，一般先用黄药类捕收剂浮选硫化矿，再用脂肪酸浮出萤石。浮出硫化矿后可按浮选萤石流程进行多次精选，以得到较高纯度的萤石精矿。

5.3.3　钛铁矿

通常金红石和钛铁矿矿石中伴生有多种其他矿物，如磁铁矿、赤铁矿、石英、长石、云母、角闪石、辉石、橄榄石、石榴石、铬铁矿、磷灰石等，一般采用重选、磁选、电选及浮选等方法进行选别。以下分别予以简述。

（1）重力选矿。此法一般用于含钛砂矿或经破碎后的含钛原生矿的粗选，目的是除去大部分脉石矿物，使有用矿物得到富集。重选设备有跳汰机、螺旋选矿机、摇床、溜槽、圆锥选矿机等。

（2）磁选。磁选方法广泛用于含钛矿物的精选中，可采用弱磁场磁选机从粗精矿中分选出磁铁矿、钛铁矿等磁性产品。为了使钛铁矿与其他非磁性矿物分离，可采用强磁选。

（3）静电选矿。静电选矿主要是利用含钛粗精矿中不同矿物间导电性的差异进行精选，如金红石与锆英石、独居石等的分离。所用电选机有辊式、板式、筛板式三种。

（4）浮选。浮选主要用于选别细粒级含钛矿石。常用的浮选药剂有硫酸、塔尔油、油酸、柴油及乳化剂等。如图5-3和图5-4所示，海滨沉积砂矿混合精矿采用电选、磁选及重选相互配合选别钛铁矿、金红石、锆英石、独居石四种精矿。

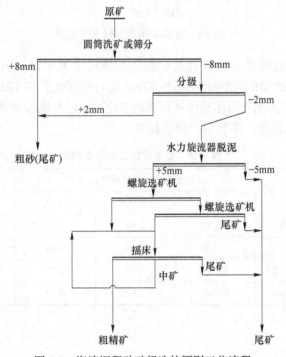

图 5-3　海滨沉积砂矿粗选的原则工艺流程

5.3.4　铝土矿

铝土矿一般不采用复杂选矿技术，这是由于大部分开采出的原矿石能够满足应用的技术要求，同时有些铝土矿中与含铝矿物伴生的杂质难以用机械或物理选矿方法去除。

许多铝土矿一般可以通过洗矿和湿法筛分或分级的方法除去原矿石中的大量二氧化硅，从而提高矿石的品级或品位。采用重力选矿法，如重介质选矿可分离铝土矿中的含铁红土；采用螺旋选矿机和强磁选机可除去菱铁矿。采用两段浮选工艺：首先将铝土矿原矿细磨至95%通过74μm筛；正浮选分离或富集水铝石。然后将浮选尾矿进一步磨细至95%

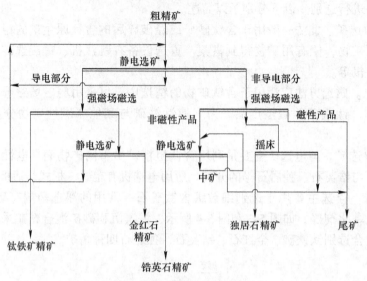

图 5-4　钛铁矿精选原则工艺流程

通过 44μm 筛；反浮选除去含铁与含钛矿物。其结果见表 5-15。若将其中的 Al_2O_3 含量（质量分数）约 73% 的精矿再磨细到通过 −37μm 进行反浮选，其 TiO_2 和 Fe_2O_3 的含量可分别降到 2% 和 1% 以下。此外用浮选法还可以精选出 Al_2O_3 含量达 73% 的高纯铝土矿。但是通过浮选方法提高其纯度，原料生产成本较高。

表 5-15　铝土矿的二段浮选结果

铝土矿	产率/%	化学成分（质量分数）/%			用　途
		Al_2O_3	TiO_2	Fe_2O_3	
铝土矿原矿	100	65.57	2.88	1.25	
正浮选精矿	35.22	73.26	2.84	1.02	一级铝土矿（耐火材料）
尾矿反浮选精矿	16.32	56.97	5.63	2.99	用于建筑材料
尾矿反浮选尾矿	48.46	62.37	1.99	0.82	二级铝土矿（耐火材料）

6 非金属矿物的改性

6.1 非金属矿物表面改性

表面改性是指在保持材料或制品原性能的前提下，赋予其表面新的性能，如亲水性、生物相容性、抗静电性能、染色性能等。表面改性技术是指用物理、化学、机械等方法对矿物粉体表面进行处理，根据应用的需要有目的地改变粉体表面的物理化学性质，如表面组成、表面结构和官能团、表面润湿性、表面电性、表面光学性质、表面吸附和反应特性以及层间化合物等。非金属矿物经表面改性后，不仅能提高、改善其物理技术性能，而且能提高非金属矿物在工业应用中的加工性能及其产品质量。

非金属矿物表面改性的主要应用领域是有机/无机复合材料、无机/无机复合材料、功能材料以及涂料、油墨等领域。非金属矿物表面改性常用的方法有物理涂覆、化学包覆、沉淀反应、机械力化学和插层改性等。非金属矿物表面改性的工艺主要有干法、湿法、复合法等。

6.1.1 表面改性的应用与目的

6.1.1.1 表面改性的应用

表面改性是以满足应用领域对粉体原料表面或界面性质、分散性和其他组分相容性要求的粉体材料深加工技术。硅灰石、高岭土和方解石的表面改性的实例如下。

A 硅灰石的表面改性

常用的硅灰石表面改性剂有硅烷偶联剂、钛酸酯和铝酸酯偶联剂、表面活性剂及甲基丙烯酸甲酯等。用硅烷偶联剂处理的硅灰石，产品塑料的拉伸强度可显著增加，可见表面改性所获得的技术经济效益。

经氨基硅烷表面改性的硅灰石用于聚酰胺化合物、聚氨基甲酸乙酯、环氧树脂、三聚氰胺、聚氯乙烯、聚碳酸酯和乙缩醛树脂的填料时，是一种有效的增强剂，使塑料复合物的刚性、强度和热变形温度提高，热膨胀降低，在潮湿条件下能保持固有性能，易加工，因此比其他填料的优越性大。

硅灰石的表面改性可分为有机表面改性和无机表面改性。

(1) 有机表面改性。硅灰石有机表面改性主要采用表面化学包覆方法。硅灰石粉体的针状结构使其可用于塑料、橡胶等高聚物基复合材料的无机增强填料。但未经表面有机处理的硅灰石粉与有机高聚物的相容性差，经表面改性后，可改善其与高聚物的相容性。例如，用硅烷偶联剂处理的硅灰石填充尼龙后，可显著提高材料的拉伸强度、弯曲强度、弹性模量和弯曲模量。表面改性好的硅灰石纤维填充到聚乙烯中，能改善其强度和电绝缘性能。填充聚丙烯，与未改性的硅灰石填料相比，在填充量相同的条件下，材料的拉伸强度、弯曲强度等显著提高。

（2）无机表面改性。无机表面改性的技术背景是：作为高聚物填料的硅灰石往往导致填充材料的颜色变深，作为造纸填料磨耗值较大。对其进行无机表面包覆改性可改善硅灰石纤维填充高分子材料的色泽和降低其磨耗值。

B　高岭土的表面改性

高岭土具有自然酸性，经煅烧加工后的高岭土酸性更强，而且高岭土比表面积较大、表面能较高，与有机高聚物的相容性差，若不进行改性，在高聚物基材料（如环氧树脂和乙烯基树脂）中的应用受到限制。高岭土经过表面改性后，能降低表面能和吸油值，可改善其分散性和与高聚物基料的相容性，达到提高塑料、橡胶等高聚物基复合材料综合性能的目的。高岭土的表面改性一般采用表面化学包覆的方法。常用的表面改性剂主要有硅烷偶联剂、有机硅（油）或硅树脂、表面活性剂及有机酸和有机胺等。

在热塑性塑料中，改性高岭土对于提高塑料的玻璃化温度、拉伸强度和模量特别有效；改性后的煅烧高岭土填充于电线电缆护套中，不仅可以提高胶料的模量和拉伸强度、改善耐磨性和抗切口延伸性，而且可获得稳定的电绝缘性能；经氨基硅烷表面处理的高岭土用于降低交联聚乙烯和乙烯-丙烯橡胶的渗水程度，特别适用于在高温下抗最大应力和湿度。

经氨基硅烷表面处理的高岭土用于降低交联聚乙烯和乙烯-丙烯橡胶的渗水程度，特别适于在高温下抗最大应力和湿度，已在电子元件、高压绝缘电缆中投入使用。用乙烯基功能型处理剂表面改性的高岭土用于聚酰胺、聚酯及其他极性聚合物，其效能是降低水的吸附，提高热变形温度，增加尺寸稳定性和冲击强度，但在改善抗弯模量时效果不明显。

C　方解石的表面改性

用方解石及白垩等加工的重质碳酸钙是目前有机高聚物基复合材料中用量最大的无机填料。但未经表面处理的重质碳酸钙与高聚物的相容性较差，易造成分散不均匀，降低材料的机械强度。方解石和白垩等重质碳酸盐的表面改性主要是通过添加表面改性剂对其进行表面化学处理。采用的表面改性剂主要是硬脂酸（盐）、钛酸酯偶联剂、锆铝酸盐偶联剂、无规聚丙烯、聚乙烯蜡及其他聚合物等。目前重质碳酸盐的表面改性方法可分为脂肪酸及其盐改性、偶联剂改性和聚合物改性。

（1）脂肪酸及其盐改性。硬脂酸及其盐是碳酸盐最常用的表面改性剂。其改性工艺可以采用干法，也可以采用湿法。干法改性时，先将碳酸钙进行干燥，然后加入计量和配制好的硬脂酸在表面改性剂中完成碳酸钙粉体的表面改性。湿法改性是在水溶液中进行表面处理，常用于轻质碳酸钙及湿法研磨的超细重质碳酸盐的表面改性。湿法改性常用于轻质碳酸钙及湿法研磨的超细重质碳酸钙的表面改性。用脂肪酸（盐）改性处理后的活性碳酸钙主要应用于填充聚氯乙烯塑料、电缆材料、胶黏剂、油墨、涂料等。

（2）偶联剂改性。用于碳酸钙表面改性的偶联剂主要是钛酸酯和铝酸酯偶联剂。用钛酸酯偶联剂处理后的碳酸钙，与聚合物分子有较好的相容性，同时钛酸酯偶联剂可以在碳酸钙分子和聚合物分子之间形成分子架桥，可显著提高热塑性复合材料等的力学性能，如冲击强度、拉伸强度、弯曲强度以及伸长率等。用钛酸酯偶联剂表面包覆改性的碳酸钙和未处理的碳酸钙填料或硬脂酸（盐）处理的碳酸钙相比，某些性能有显著改善。铝酸酯偶联剂广泛应用于表面处理和填充塑料制品。

（3）聚合物改性。采用聚合物对碳酸盐进行表面改性，可以改进碳酸盐在有机或无机相中的稳定性。聚合物表面包覆改性碳酸盐工艺可分为两种：一是先将聚合物单体吸附在碳酸钙表面，然后引发其聚合，从而在其表面形成聚合物包覆层；二是将聚合物溶解在适当溶剂中，当聚合物逐渐吸附在碳酸钙颗粒表面上时排除溶剂形成包膜，聚合物定向吸附在碳酸钙颗粒表面，形成物理化学吸附层，可阻止碳酸钙离子团聚，使碳酸钙有较好的分散稳定性。

6.1.1.2　表面改性的目的

非金属表面改性的目的因应用领域的不同而异，但总的目标是改善或提高粉体原料的应用性能以满足新材料、新技术发展或新产品开发的需要。

在塑料、橡胶、胶黏剂等高分子材料及复合材料领域中，非金属矿物填料占有重要的地位。这些矿物填料可以降低材料的生产成本，还能提高材料的刚性、硬度、尺寸稳定性以及赋予材料某些特殊的物理性能。经矿物表面改性，可改善其表面的物理化学特性，增强其与基质等的相容性，提高其在有机基质中的分散性，以提高材料的机械强度及综合性能。

表面改性提高涂料中颜料的分散性并改善涂料的光泽、着色力、遮盖力和耐磨性、耐热性、保光性、保色性等。涂料的着色颜料和体质颜料，如钛白粉、锌钡白、石英粉、云母等多为无机粉体，为提高其在有机基质中的分散性，必须进行表面改性。在新发展的具有电、磁、声、光、热等功能的特种涂料中的填料和颜料不仅要求粒度超细，而且要求具有一定的"功能"，因此必须对其进行表面处理。用一些性能较好的无机物包裹之，如用氧化铝、二氧化硅包覆钛白粉可改善其耐磨性等性能。

许多高附加值产品，要求有良好的光学效应或视觉效果，使制品更富色彩，则需对一些粉体原料进行表面改性处理。如白云母粉经氧化钛、氧化铬等金属氧化物进行表面改性后，用于化妆品、塑料、涂料等，可赋予这些制品珠光效应，可大大提高这些产品的应用价值。在造纸工业中，对造纸用无机填料进行表面改性处理以改变其表面电荷性质，增加与其带相反电荷的纤维结合强度，从而提高纸张强度和造纸过程中填料的留着率。

为了控制药效，达到使药物安全、定量和定位释放的目的，新发展的药物胶囊就是用某种安全、无毒的薄膜材料对药粉进行包膜而制备的。

为保护环境和健康，对有害的原料如石棉粉体，用对人体和环境无害又不影响其使用性能的其他化学物质进行表面处理，覆盖、封闭其表面活性点，以消除污染；对用于保温材料的珍珠岩等进行表面涂覆以改善其在潮湿环境下的保温性能；对膨润土进行阳离子覆盖以改善其在非极性溶剂中的膨胀、分散、黏结、触变等应用特性。

6.1.2　表面改性的方法及原理

非金属矿物的表面改性方法有多种不同的分类法。根据改性方法性质不同分为物理方法、化学方法和包覆方法。根据具体工艺的差别分为涂覆法、偶联剂法、煅烧法和水沥滤法。综合改性作用的性质、手段和目的，将其分为机械化学改性法、表面包覆改性法、表面化学改性法、沉淀反应改性法和接枝改性法等。

6.1.2.1　机械化学改性法及原理

机械化学改性是利用粉体超细粉碎及其他强烈机械力作用有目的地对颗粒表面激活，

在一定程度上改变颗粒表面的晶体结构、溶解性能、化学吸附和反应活性等。机械化学作用激活了非金属矿物粉体表面，可以提高颗粒与其他无机物或有机物的作用活性，若在粉碎过程中添加表面活性剂及其他有机化合物，则机械激活作用可以促进这些有机化合物在无机粉体表面的化学吸附或化学反应，达到边产生新表面边改性（即粒度减小和表面有机化）的双重目的。

粉碎机械力作用改性的主要原因是机械力对矿物表面激活所带来的对改性反应的促进。现有一些研究结果表明，粉碎机械力化学高效改性是基于过程中新鲜表面和高活性表面的大量出现及这些表面因结构和结晶变化而出现的能量增高的原理而实现的。

6.1.2.2　表面包覆改性法及其原理

包覆改性是利用有机表面改性剂分子中的官能团在颗粒表面吸附或化学反应对颗粒表面进行改性。按颗粒间改性包覆的性质和方式分为物理法、化学法和机械法，按包覆时的环境介质形态分为干法和湿法，按包覆反应的环境与形态分为液相法、固相法和气相法。此处采用按包覆反应的环境与形态介绍。

（1）液相法。液相法是指在液态介质中实现粉体颗粒表面包覆和制备复合颗粒材料的改性方法，具体包括溶液反应法、溶剂蒸发法和液相机械力化学法等。

（2）固相法。固相法是指固体相物质直接参与包覆改性过程与复合颗粒制备的工艺，可分为固相反应法、固相机械力化学法和机械力混合法等。

（3）气相法。目前，气相法包覆改性主要有气相蒸发冷凝法、气相反应法和流化床煅烧法等。

1）气相蒸发冷凝法。在充入低压惰性气体的真空蒸发室里，通过加热源加热使两种或两种以上物质原料气化形成等离子体，等离子体与惰性气体原子碰撞而失去能量，然后骤冷凝结成包覆型复合改性颗粒的方法称为气相蒸发冷凝法。按加热方式可将此法分为高频感应加热法、电子束加热法、等离子体喷雾加热法和激光束加热法等。

2）气相反应法。指以挥发性金属无机或有机化合物等蒸汽为原料，通过气相热分解和其他化学反应制备单质物质和复合颗粒材料的方法。此法包括激光合成法、等离子体合成法和SPCP法（通过表面电晕放电引起等离子体化学反应实现小颗粒在大颗粒表面包覆）等。

3）流化床煅烧法。指在流化床内进行颗粒包覆，然后煅烧使包覆物生成多孔新物相的包覆改性方法。

6.1.2.3　表面化学改性法及原理

表面化学改性就是采用多种工艺过程，使表面活性剂与粉体颗粒表面进行化学反应，或者使表面改性剂吸附到粉体颗粒表面，进行粉体表面性能改变的方法。这种方法还包括利用游离基反应、螯合反应、溶胶吸附以及偶联剂处理等进行表面改性。

表面化学改性一般在高速加热混合机或捍合机、流态化床、研磨机等设备中进行。这是因为粉体的表面改性处理大多是在粉体物料中加入少量表面改性剂溶液进行的操作。如果在溶液中进行表面改性处理（如浸渍），也可在反应釜或反应罐中进行，处理完后再进行脱水干燥。此外，还可采用所谓"流体磨"对粉体进行表面改性处理。

6.1.2.4　沉淀反应改性法及原理

沉淀反应改性是利用无机化合物在颗粒表面进行沉淀反应，在颗粒表面形成一层或多层"包覆"或"包膜"，以达到改善矿物表面性质的处理方法。这是一种"无机/无机包覆"或"无机纳米/微米粉体包覆"的粉体表面改性方法。粉体表面包覆纳米 TiO_2、ZnO、$CaCO_3$ 等无机物的改性，就是通过沉淀反应实现的。沉淀反应是无机颜料和催化剂表面改性最常用的方法之一。

用沉淀反应方法对粉体进行表面改性一般采用湿法工艺，即在分散的一定固含量浆料中，加入需要的无机表面改性剂，在适当的 pH 值和温度下使无机表面改性剂以氢氧化物或水合氧化物的形式在颗粒表面进行均匀沉淀反应，形成一层或多层包覆，然后经过洗涤、过滤、干燥、焙烧等工序使包膜牢固地固定在颗粒表面。用于粉体表面沉淀反应改性的无机表面改性剂一般是金属氧化物、氢氧化物及其盐等。

表面沉淀反应改性一般在反应釜或反应罐中进行，影响沉淀反应改性效果的因素比较多，主要有浆液的 pH 值、浓度、反应温度和反应时间，颗粒的粒度、形状以及后续处理工序（洗涤、脱水、干燥或焙烧）等，其中，pH 值及温度直接影响无机改性剂在水溶液中的水解产物，是沉淀反应改性最重要的控制因素之一。

无机表面改性剂的种类和沉淀反应的产物与晶型往往决定改性后粉体材料的功能性和应用性，因此，根据粉体产品的最终用途或性能要求来选择沉淀反应的无机表面改性剂。这种表面活性剂一般是最终包膜产物（金属氧化物）的前驱体（盐类）或水解产物。

6.1.2.5 接枝改性法及原理

接枝改性是指在一定的外部激发条件下，将单体烯烃或聚合烯烃引入填料表面的改性过程，有时还需要在引入单体烯烃后激发导致填料表面的单体烯烃聚合。由于烯烃和聚合烯烃与树脂等有机高分子基体性质接近，所以增强了填料与基体之间的结合而起到补强作用。

产生接枝聚合的外部激发条件有许多种，如化学接枝法、电解聚合法、等离子接枝聚合法、氧化法和紫外线与高能电晕放电方法等。在烯烃单体中研磨物料实现接枝聚合物在物料表面的附着也属于一种接枝改性的激发手段。

6.1.2.6 其他表面改性方法

其他改性方法有高能改性、微胶囊化改性、用表面活性剂覆盖改性、等离子体处理、酸碱处理、插层改性及复合改性等。

高能改性是利用紫外线、红外线、电晕放电和等离子体照射等方法进行表面处理。如用 ArC_3H_5 低温等离子处理 $CaCO_3$ 可改善 $CaCO_3$ 与 PP 的界面黏性。这是因为经低温处理后的 $CaCO_3$ 离子表面存在一非极性有机层作为相界面，可以降低 $CaCO_3$ 的极性，提高与 PP 的相容性。

微胶囊化改性是在现代医药领域最先采用的一种新技术，其目的在于使药物超细粉的药效实现缓释效应。该方法是在超细粉体的表面包覆一层较均匀并具有一定厚度薄膜的一种表面改性方法。据报道，微胶囊的直径大多在 $0.5 \sim 100 \mu m$ 范围内，膜壁厚度为 $0.5 \sim 10 \mu m$。

用表面活性剂覆盖改性是利用具有双亲性质的表面活性剂覆盖无机化合物表面使其表面获得有机化改性是最常用的方法，为了实现好的改性效果，必须考虑无机化合物的表面电性质。可根据等电点控制溶液一定的 pH 值，通过表面活性剂吸附而获得有机化改性。

例如，SiO_2 的等电点 pH 值很低，表明在高于等电点 pH 值以上的溶液中 SiO_2 的表面带有负电荷，这样就可以让 SiO_2 颗粒在中性或碱性溶液中吸附阳离子表面活性剂而获得有机改性。

等离子体是借助于气体放电可产生等离子体，它是一种电离气体，是电子、离子、中性粒子的独立几何体，具有很高的能量，与有机化合物原子间的键能相当。等离子体目前已较广泛地应用于固体表面改性。

酸碱处理也是一种表面辅助处理方法，通过酸碱处理可以改善粉体表面的吸附和反应活性。

插层改性是利用层状结构的粉体颗粒晶体层之间结合力较弱和存在可交换阳离子等特性，通过离子交换反应或化学反应改性粉体的层间和界面性质的改性方法。用此法改性的粉体一般具有层状或者类层状晶体结构，如蒙脱石、高岭土等层状结构的硅酸盐及石墨等。

复合改性是指综合采用多种方法改变颗粒的表面性质以满足应用需要的改性方法。

6.1.3　表面改性剂

非金属矿物的表面改性主要是依赖表面改性剂在颗粒表面的吸附、反应、包覆或包膜来实现的，因此，表面改性剂对于粉体的表面改性或表面处理具有决定性作用。目前应用的表面改性剂主要有偶联剂、表面活化剂、不饱和有机酸及有机低聚物、超分散剂、有机硅、水溶性高分子以及金属氧化物及其盐等。

6.1.3.1　偶联剂

偶联剂适用于各种不同的有机高聚物和非金属矿物的复合材料体系。偶联剂是具有两性结构的物质，其分子中的一部分基团可与粉体表面的各种官能团反应，形成强有力的化学键合，另一部分基团可与有机高聚物发生某些化学反应或物理缠绕，从而将两种性质差异很大的材料牢固地结合起来，使非金属矿物粉体和有机高聚物分子之间产生具有特殊功能的"分子桥"。偶联剂偶联作用如图 6-1 所示。

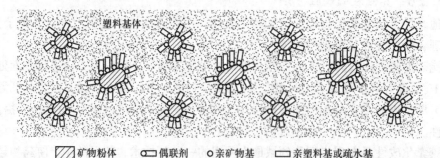

图 6-1　偶联剂偶联作用示意图

影响偶联的因素有：偶联剂的化学结构和作用机理，粉体表面的性质和化学组成，聚合物材料的化学组成以及相应的反应性，偶联剂在粉体表面上物理和化学吸附机理，被偶联材料的表面张力、偶联剂的分子覆盖和分子取向，粉体表面的制备方法对吸附和键稳定性的作用，pH 值和溶剂等对吸附的影响，偶联剂中有机部分与聚合物的反应活性等。

A 硅烷偶联剂

硅烷偶联剂是一类具有特殊结构的低分子有机硅化合物，通式为 $RSiX_3$。式中，R 代表与聚合物分子有亲和力或反应能力的活性官能团，如氨基、巯基、氰基等；X 代表能够水解的烷氧基和氯离子。

表 6-1 为具有广泛应用的有机硅烷的基本性质。

表 6-1 某些含有有机官能团硅烷的基本性质

结构式	相对分子质量	密度/g·cm⁻³	n_D^{25}	沸点/℃
$CH_2=CHSi(OCH_2CH_3)_3$	190.3	0.894	1.397	161
$CH_2=C(CH_3)C(O)O(CH_2)_3Si(OCH_3)_3$	248.1	1.045	1.429	255
环氧 $CH_2O(CH_2)Si(OCH_3)_3$	236.1	1.069	1.427	290
$HS(CH_2)_3Si(OCH_3)_3$	238.3	1.072	1.440	212
$H_2N(CH_2)_3Si(OCH_2CH_3)_3$	221.3	0.942	1.420	217

硅烷偶联剂可用于许多无机矿物粉体颗粒表面处理，其中对含硅酸成分较多的石英粉、玻璃纤维、白炭黑等效果最好，对高岭土、水合氧化铝等效果也较好，对不含游离酸的碳酸钙效果欠佳。硅烷偶联剂不仅对不同矿物进行改性的效果不同，对不同基体树脂也有不同的作用。不同树脂适合的硅烷偶联剂类型见表 6-2。

表 6-2 特定树脂的优先硅烷

树脂	硅烷的官能团	树脂	硅烷的官能团
环氧	环氧、氨基	聚酯	乙烯基、甲基丙酰基
密胺	氨基	聚乙烯	乙烯基、甲基丙酰基
聚酰胺	环氧、氨基	聚丙烯	甲基丙酰基
酚醛	环氧、氨基	聚氯乙烯	巯基、氨基
聚丁二烯	乙烯基、甲基丙酰基、巯基	聚氨酯	甲基丙酰基、巯基、氨基

B 锆铝酸盐偶联剂

锆铝酸盐偶联剂是美国 Cavendon 公司最先于 1983 年开发的一种偶联剂，它是含两种有机配位基的铝酸锆低分子无机聚合物，其特点是能显著降低填充体系的黏度。在不使用偶联剂时，由于填充表面存在羟基或其他含水基粒子间易发生相互作用，致使粒子凝聚，黏度上升。而加入锆铝酸盐偶联剂后，它可抑制填充粒子的相互作用，降低填充体系的黏度，提高分散性，从而增加填充量。该类偶联剂不但可用于碳酸钙、高岭土和二氧化钛等，而且对二氧化硅、白炭黑也有效。据报道其价格仅为硅烷偶联剂的一半。这类偶联剂主要用于涂料、黏结剂和塑料。可明显降低黏度，促进黏结强度。

C 有机铬偶联剂

配合物偶联剂，是由不饱和有机酸与三价原子形成的配价型金属配合物。有机铬偶联剂在玻璃纤维增强塑料中偶联效果较好，且成本较低。其主要品种是甲基丙烯酸氯化铬配合物。一端是含有活泼的不饱和基团，可与高聚物基料反应，另一端依靠配价的铬原子与玻璃纤维表面的硅氧键结合。

有机铬配合物类偶联剂因铬离子毒性及对环境的污染已无大发展，但因其处理玻璃纤维效果很好且便宜，目前仍有少量应用。

6.1.3.2　表面活化剂

表面活化剂分子由性质不同的两部分组成：一部分是与油有亲和性的亲油基；另一部分是与水有亲和性的亲水基。表面活性剂的种类很多，最常用的方便的分类方法是按其离子类型和亲水基类型进行分类，可分为阴离子表面活性剂、阳离子表面活性剂、两性表面活性剂、非离子型表面活性剂及其特殊类型表面活性剂等，见表6-3。

表 6-3　表面活性剂按亲水基分类

类　　型	品　　种
阴离子表面活性剂	硫酸脂盐、磷酸酯盐、磺酸盐及其脂、硬脂酸盐
阳离子表面活性剂	高级铵盐（如季铵盐）、烷基磷酸取代胺
两性表面活性剂	氨基酸型、咪唑啉型、甜菜碱型
非离子型表面活性剂	聚乙二醇型、多元醇型
特殊类型表面活性剂	天然高分子表面活性剂、生物表面活性剂

阴离子、阳离子和非离子型表面活性剂是主要的表面改性剂之一。用高级脂肪酸及其金属盐等表面活性剂处理无机粉体类似于偶联剂的作用，可提高无机粉体与聚合物分子的亲和性，改善制品的综合性能。

非金属矿物粉体表面改性常用的表面活性剂有以下几种。

（1）高级脂肪酸及其盐。高级脂肪酸及其盐属于阴离子表面活性剂，其通式为 RCOOH。其分子一端为长链烷基（$C_{16} \sim C_{18}$），结构与聚合物分子结构相近，因而和聚烯烃等有机高聚物有一定的相容性；分子的另一端为羧基，可与无机粉体颗粒表面发生物理化学吸附或化学反应，覆盖于粉体颗粒表面。高级脂肪酸及其盐可改善无机粉体与高聚物基料的亲和性，提高其在高聚物基料中的分散度，还可以使复合体系内摩擦力减小，改善复合体系的流动性能。

（2）高级铵盐。高级铵盐属于阳离子表面活性剂。分子通式为 RNH_2（伯胺）、R_2NH（仲胺）、R_3N（叔胺）等，其中至少有1个长链烃基（$C_{12} \sim C_{22}$），高级铵盐的烷烃基与聚合物分子相近，因此与有机高聚物有一定的相容性，分子另一端的氨基可与无机粉体表面发生吸附作用。在对膨润土或蒙脱石型黏土进行有机覆盖处理以制备有机土时，一般采用季铵盐。用于制备有机土的季铵盐，其烃基碳原子数一般为 12~22，优先碳原子数为 16~18。

（3）非离子型表面活性剂。非离子型表面活性剂亲水基团和亲油基团分别与粉体和高聚物基料发生相互作用，加强两者联系，从而提高体系的相容性和均匀性。两个极性基团之间的柔性碳链起增速润滑作用，赋予体系韧性和流动性，使体系黏度下降，改善加工性能。如用滑石粉的表面包覆处理可改进滑石粉与高聚物的界面亲和性，改善其在有机高聚物基料中的分散状态，并且提高高聚物基料对粉体的润湿能力。

（4）有机硅。有机硅是以硅氧键链（Si—O—Si）为骨架，硅原子上接有机基团的一类聚合物。有机硅除用于无机粉体，如高岭土、碳酸钙、滑石等表面改性剂外，还因其化学稳定性、透过性、不与药物发生反应性和良好的生物相容性，被最早用于药物包膜的高分子材料。其主要品种有聚二甲基硅氧烷、有机基团改性硅氧烷及有机硅与有机化合物的共聚物等。聚二甲基硅氧烷不溶于水、丙酮、乙二醇等，却溶于脂肪烃、芳香烃、醚、酯类等有机溶剂。有机基团改性硅氧烷有带活性基的聚甲基硅氧烷、苯基或高烷基改性的聚二甲基硅氧烷、带有机锡基团的聚硅氧烷等。有机硅与有机化合物的共聚物兼有有机硅的高表面活性和有机化合物的特性等，如聚甲基硅氧烷-聚环醚嵌段共聚物和聚二甲基硅氧烷-聚酯嵌段共聚物。

6.1.3.3 不饱和有机酸及有机低聚物

A 不饱和有机酸

不饱和有机酸作为无机粉体的表面改性剂带有一个或多个不饱和双键及一个或多个羟基，碳原子数一般在 10 个以下。常见不饱和有机酸是丙烯酸、丁烯酸、肉桂酸、山梨酸等，多用于表面呈酸性矿物的表面改性。由于有机酸中含有不饱和双键，在和基体树脂复合时，由于残余引发剂的作用或热、机械能作用，打开双键，和基体树脂发生接枝、交联等化学反应，使无机粉体和高聚物基料较好地结合在一起，提高了复合材料的力学性能。

B 有机低聚物

聚烯烃低聚物主要是无规聚丙烯和聚乙烯蜡。丙烯在高效催化作用下可生成三种不同立体异构体的聚丙烯（等规立构聚丙烯、间规立构聚丙烯和无规立构聚丙烯），无规立构聚丙烯可作为无机粉体的表面处理剂。聚乙烯蜡可专门合成生产，也可是生产的聚乙烯副产品。聚烯烃低聚物有较高的黏附性能，可以和无机粉体较好地浸润、黏附、包覆，广泛应用于聚烯烃类复合材料中无机粉体的表面处理。此外，还有聚乙二醇、双酚 A 型环氧树脂等低聚物。

6.1.3.4 超分散剂

超分散剂主要用于提高非金属矿物粉体在非水介质中的分散度。其分子结构一般含有性能不同的两部分，一部分为锚固基团，可通过离子对、氢键、范德华力等作用以单点或多点的形式紧密地结合在颗粒表面；另一部分是具有一定长度的聚合物链。当吸附或覆盖了超分散剂的颗粒相互靠近时，由于溶剂化链的空间障碍而使颗粒相互弹开，从而实现颗粒在非水介质中的稳定分散。

超分散剂主要有以下特点：

(1) 在颗粒表面可形成多点锚固，提高了吸附牢固，不易解吸；

(2) 溶剂化链比传统分散剂亲油基团长，可起到有效的空间稳定作用；

(3) 形成极弱的胶束，易于活动，能迅速移向颗粒表面，起到润湿保护作用；

(4) 不会在颗粒表面导入亲油膜，从而不致影响最终产品的应用性能。

6.1.3.5 其他改性剂

其他改性剂主要有金属氧化物及其盐类，如氧化钛、氧化铬等金属氧化物或氢氧化物及其盐。在一定反应条件下能在粉体颗粒表面形成金属沉淀化合物或在一定 pH 值的溶液中生成金属氢氧化物的盐类均可作为粉体的无机表面改性剂。如硫酸锌用于氢氧化镁和氢氧化铝无机阻燃填料表面包覆水合氧化锌的改性剂，铝盐、硅酸钠用于钛白粉的表面氧化铝和氧化硅包膜改性剂，氢氧化钙、硫酸钙用于重质碳酸钙表面包覆纳米碳酸钙的表面改性剂。

6.1.4　表面改性设备

表面改性设备可分为干法和湿法两类，非金属矿物常用的干法表面改性设备是 SLG 型连续粉体表面改性机、高速加热混合机、涡流磨及 PSC 型粉体表面改性机等，常用的湿法表面改性设备为可控温反应罐和反应釜。

6.1.4.1　SLG 型连续粉体表面改性机

SLG 型连续粉体表面改性机可与干法制粉工艺配套，连续生产各种表面化学包覆的无机粉体，也可单独设置用于各种超细粉体的表面改性和复合改性，目前主要用于轻质碳酸钙、重质碳酸钙、高岭土、滑石、氢氧化镁、氢氧化铝等无机粉体的表面改性、复合以及纳米粉体的解团聚和表面改性。

图 6-2 为 SLG 型连续粉体表面改性机的结构图，图 6-3 为 SLG 型连续粉体表面改性机的工作原理图。

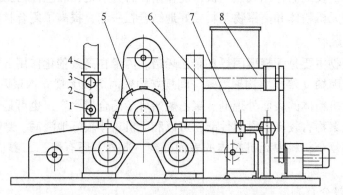

图 6-2　SLG 型连续粉体表面改性机的结构图

1—温度计；2—出料口；3—进风口；4—风管；

5—主机；6—进料口；7—计量泵；8—喂料

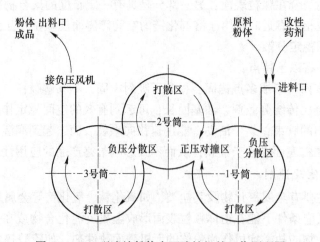

图 6-3　SLG 型连续粉体表面改性机的工作原理图

6.1.4.2 高速加热混合机

高速加热混合机是塑料加工行业的定型设备，常用于间歇式的批量粉体表面改性，型号有 SHR 型、GRH 型、CH 型等。

主要技术参数为总容积、有效容积、主轴转速、装机功率等。总容积从 10L 到 800L 不等，其中 10L 高速加热混合机主要用于实验室试验研究。排料方式有手动和气动两种，加热方式有电加热和蒸汽加热两种，适用于中、小批量粉体的表面化学包覆改性和实验室进行改性剂配方试验研究。因此，尽管与较先进的连续式粉体表面改性机相比，高速加热混合机存在粉尘污染、粉体与表面改性剂作用机会不均匀、药剂耗量高、处理时间长、劳动强度大等特点，但在非金属矿粉的干法有机表面改性中，得到了广泛应用，特别是在粉体表面改性技术发展的初期。

图 6-4 为高速加热混合机的结构图，图 6-5 为高速加热混合机的工作原理图。

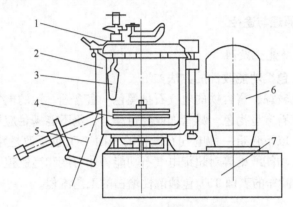

图 6-4 高速加热混合机的结构图
1—回转盖；2—混合锅；3—折流板；4—搅拌装置；
5—排料装置；6—驱动电机；7—机座

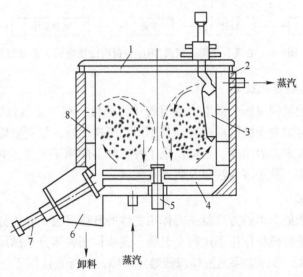

图 6-5 高速加热混合机的工作原理图
1—回转盖；2—外套；3—折流板；4—叶轮；5—驱动轴；6—排料口；7—排料汽缸；8—夹套

6.1.4.3　PSC 型粉体表面改性机

PSC 连续式粉体表面改性机是采用连续式的生产设计，产量高、耗能低、自动化程度高、无粉尘污染、包覆率可达 96% 以上，具有改性剂用量少、颗粒无黏结、不增大等特点。其适用于 $0.23 \sim 45 \mu m$ 多种非金属粉体的表面改性，也可与多种粉磨设备配套形成生产流水线，提供在线改性技术设备，并开发了改性钛白粉、活性白炭黑、活性氢氧化铝、活性氢氧化镁等表面活性材料，可承接来料加工业务。

6.2　非金属矿物功能改性

功能改性是非金属矿物材料精细加工的主要特点之一，是改善和优化非金属矿物的应用性能、提高其附加值的主要深加工技术之一。

6.2.1　功能改性的原理与途径

6.2.1.1　包覆功能化改性

以电气石为例，包覆功能改性的方法如下。

电气石一般颜色较深，富含铁的电气石呈黑色；富含锂、锰的电气石呈玫瑰色，也呈蓝色；富含镁的电气石常呈褐色。尽管如此在色泽上，仍不能满足应用，特别是涂料和化学纤维应用的要求。以下介绍一种电气石微粉的表面 TiO_2 包覆改性增白的方法，可以满足涂料、涂层材料、功能纤维等对超细电气石功能粉体白度和高遮盖力等的要求。

图 6-6 为电气石微粉的表面 TiO_2 包覆改性增白的工艺流程。

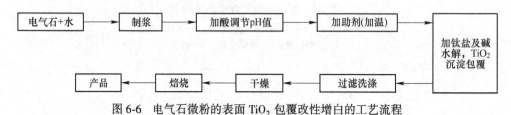

图 6-6　电气石微粉的表面 TiO_2 包覆改性增白的工艺流程

6.2.1.2　插层功能化改性

由于层状化合物层间以弱的静电力或范德华力连接，在一定条件下，某些客体物质，如原子、分子等，可以克服层间的这种弱作用力而可逆地插到层间空隙，且不会破坏层板本身的结构。插层技术发展至今，已经出现了种类繁多的插层方法，大致可以概括为直接反应法、离子交换法、分子嵌入法以及剥离重组法。

A　直接反应法

制备插层化合物最简单的方法就是客体与主体的直接反应。客体分子与含有主体的物种反应，在客体分子的模板作用下进行自组装，逐步得到客体分子插层的方法称为直接反应法，如图 6-7 所示。客体如果是液体或低熔点固体，则可直接用于反应剂；固体是有机客体和有机金属客体，则常常将其溶于极性溶剂中。在制备层状硅酸盐、层状氧化锰、层状双氢氧化合物的插层化合物时，经常采用这种方法。

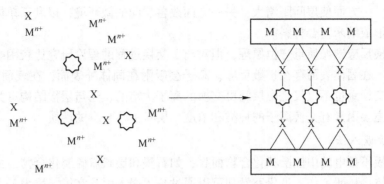

图 6-7 直接反应法示意图

B 离子交换法

层状化合物的改性一般都是利用层间离子的可交换性。几乎所有带电荷的层状主体都可以进行离子交换反应，离子交换法广泛用于带电荷的层状主体化合物共生物的制备。离子交换不仅适用于一些较小的有机配合物离子或过渡金属、稀有金属的水合离子，也适用于一些较大的分子或离子，如有机大分子或聚阳（阴）离子，包括生物分子。离子交换法主要有以下三种方式，如图 6-8 所示。

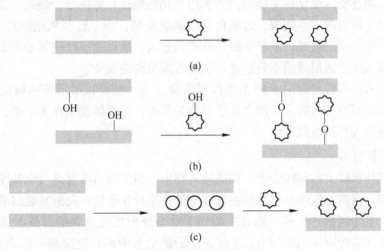

图 6-8 离子交换法示意图

（1）直接离子交换法（见图 6-8（a）），即目标客体离子直接与层状主体层间的离子进行交换的方法。

（2）反应离子交换法（见图 6-8（b）），即目标客体分子含有能与层状主体层间离子反应的基团，通过主客体的反应，增大了客体离子的插层驱动力，从而实现客体离子在层间的插层。

（3）二次离子交换法（见图 6-8（c）），即先在层间引入容易插层的较大体积离子作为离子交换的前驱体，然后再在合适的条件下，同目标客体离子进行交换，从而得到客体离子插层的化合物。

制备黏土聚合物纳米复合材料最常用的方法也是离子交换，一般是先用有机阳离子进行离子交换，一方面使层间距增大，另一方面改善层间的微环境，以利于单体或聚合物插入黏土层间形成纳米复合材料。

离子交换反应遵循质量守恒原理，但对离子交换过程的理论研究比较困难。因为交换过程中，离子在固体表面存在扩散反应，离子会吸附在固体外表面，在表面形成双电层。另外，离子交换量也不仅仅是由层间可交换的离子决定的，还与层板结构有关。影响离子交换反应的主要因素有交换离子的种类和浓度、层状主体自身的性质。

C 分子嵌入法

对于层板不带电的中性层状化合物而言，如石墨和层状双硫属化合物，由于无法进行交换引入客体，科研工作人员研究发现可以通过分子嵌入引入客体，称为分子嵌入法。目前主要采用三种方法实现分子嵌入：氧化还原嵌入、电化学嵌入、加热嵌入（客体呈气相或熔盐状态）。图6-9为分子在中性主体化合物中的嵌入过程。

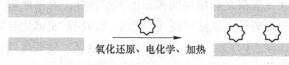

氧化还原、电化学、加热

图6-9 分子嵌入法示意图

例如，石墨在插入氧化性客体时，多利用氧化还原进行客体分子嵌入，经常选用的氧化剂为浓硫酸、浓硝酸、单质溴、过氧化氢等强氧化剂，由于这些氧化剂具有强氧化性，很容易打开石墨片层的边缘，以利于插层分子的进入，所以插层反应起始于石墨片层的边缘，继而，插入物进入层间后不断扩散，引起石墨结构的改变。

电化学嵌入法可以利用阴极的还原作用实现嵌入，也可利用阳极的氧化作用实现嵌入。利用阴极还原的方法时，可用主体单晶作为阴极，用客体或铂作为阳极，在适当水溶液或非水溶液中进行恒电位电解。

D 剥离重组法

对于一些体积较大的客体分子，在插层过程中，由于动力学及热力学的原因，并不能直接进行插层。剥离重组法不仅为这些客体分子在层状化合物层间的有效组装提供了另外一种途径，而且为利用"层层"组装功能性客体分子插层化合物的薄膜提供了依据。剥离重组法是指在某种剥离剂作用下，主体完全分散到水中或其他溶剂中形成胶状分散相，然后通过引入一些其他带相反电荷的客体分子，同主体迅速进行离子交换并絮凝下来。在制备体积较大的分子插层层状钛酸盐、层状钙钛矿型氧化物、层状双硫属化合物等时，经常采用剥离重组法。

6.2.1.3 复合功能化改性

复合是指以非金属矿物原料和有机聚合物或聚合物单体反应形成复合功能材料。目前已经工业化和正在进行工业化的主要是防水毯和防水板及聚合物/蒙脱土纳米复合材料。

A 防水毯和防水板

膨润土防水毯是将天然钠基膨润土填充在聚丙烯织布和非织布之间，将上层的非织布纤维通过膨润土用针压的方法连接在下层的织布上制备而成的。由于用针压方法做成的防水毯有许多小的纤维空间，其中的膨润土颗粒不能向一个方向流动，因此能形成均匀的防水层。这种材料广泛用于地铁、隧道、人工湖、地下室、地下停车场、水处理池、垃圾填埋场等的防水和防渗漏。

膨润土防水板是将天然钠基膨润土和高密度聚乙烯（HDPE）压缩成型的具有双重防水功能的高性能防水材料，这种防水板广泛用于各种地下工程的防水。

B 聚合物/蒙脱土纳米复合材料

聚合物/蒙脱土纳米复合材料是以聚合物材料为基体，纳米级层状结构蒙脱土颗粒为填料或分散相的高分子复合材料。但这种高分子材料不是简单地在聚合物中添加蒙脱土填料颗粒进行混合而制得，而是通过聚合物单体、聚合物溶液或熔体在有机物改性后的蒙脱土矿物的结构层间插层聚合或剥离作用，使蒙脱土矿物形成纳米尺度的基本单元并均匀分散于聚合物基体中而制成的。

目前制备聚合物/蒙脱土纳米复合材料主要采用插层复合法，插层复合法制备分为原位插层聚合法和聚合物插层法。原位插层聚合法是利用有机物单体，通过扩散和吸引等作用力进入膨润土片层后在膨润土层间引发聚合，利用聚合热将黏土片层打开，形成纳米复合材料；聚合物插层法是指聚合物分子利用溶剂的作用或通过机械剪切等物理作用插入膨润土的片层，形成纳米复合材料。

6.2.1.4 交联功能化改性

柱撑黏土作为一种新型的离子分子筛、催化剂载体，在石油、化工、环保等领域中有良好的应用前景。

所谓柱撑黏土就是柱化剂（或称交联剂）在黏土矿物层间呈"柱状"支撑，增加了黏土矿物晶层间距，具有大孔径、大比表面积、微孔量高，表面酸性强、耐热性好等特点，是一种新型的类沸石层柱状催化剂。在柱撑研究中，对蒙脱石的柱撑研究相对较多。

柱撑蒙脱石的合成利用了蒙脱石在极性分子作用下层间距所具有的可膨胀性及层间阳离子的可交换性，将大的有机或无机阳离子柱撑剂或交联剂引入其层间，像柱子一样撑开黏土的层结构，并且牢固地连在一起。

作为新型的、耐高温的催化剂及催化剂载体——柱撑蒙脱石必须在一定温度下保持足够的强度，即高温下"柱子"不"塌陷"，也就是热稳定性好，这是衡量柱撑蒙脱石质量的重要指标。柱撑蒙脱石经焙烧后，水化的柱撑体逐渐失去所携带的水分子，形成更稳定的氧化物型大阳离子团，固定于蒙脱石的层间域，并且形成永久性的空洞或通道。

6.2.1.5 高温煅烧功能化改性

矿物材料的热处理和高温处理高温煅烧处理改性非金属加工，在国外称为火法加工，通过热处理，可以改变非金属矿物材料的化学组成、物理性质，从而改善其本来就具有的某种或某些技术性能。

煅烧是生产特殊高岭土产品的一种广泛应用的工艺。高岭土理论化学成分（质量分数）为：SiO_2 46.54%，Al_2O_3 39.50%，H_2O 13.96%。煅烧实际上主要就是除去这部分占总量约14%的结构水，同时也排除掉一部分挥发性物质和有机质。

6.2.1.6 置换功能化改性

以制备有机膨润土为例，改性是指用有机胺阳离子置换蒙脱石中的可交换阳离子。这种置换反应后的膨润土在有机溶剂中也能显示出优良的分散、膨胀、黏结和触变等特性，称为有机磨润土。有机磨润土广泛应用于涂料、石油钻井、油墨、灭火剂、高温润滑剂等领域。

有机膨润土的制备工艺可分为湿法、干法和预凝胶法三种。

（1）湿法工艺的原则工艺流程：原土——粉碎——制浆——提纯——改性或活化——有机覆盖——过滤——干燥——打散解聚——包装。

（2）干法生产有机膨润土的原则流程：精选钠基膨润土——加热混合——挤压——干燥——解聚——有机膨润土。

（3）预凝胶法制备有机膨润土的原则工艺流程：原土——粉碎——分散制浆——改型提纯——有机覆盖——抽取水分——加热脱水——预凝胶产品。

影响有机膨润土质量指标的主要因素有膨润土质量（类型、纯度、阳离子交换容量等），有机覆盖剂的结构、用量、用法、制备条件（矿浆浓度、反应温度、反应时间等）。

6.2.1.7　超声波加热改性

对凹凸棒土超声波加热改性时，用超声波引起的空化作用可以产生局部的高温高压。超声波的空化作用以及在溶液中形成冲击波和微射流，可以导致凹凸棒土聚集体之间强烈的相互碰撞和聚集，将凹凸棒土的棒状晶束的聚集体打碎，从而达到均匀分散的目的，最终完成利用超声波分散制备凹凸棒土粒子。

6.2.1.8　微波加热改性

以石墨微波加热改性为例，用微波加热也可以使膨胀石墨膨化并脱除残硫而制成膨化石墨，膨胀倍率大，含残硫量很低，因而用其制造的石墨制品，使用性能好，成本低。

6.2.2　非金属矿物纳米化

6.2.2.1　非金属纳米化的现状

这些年来纳米科技不断发展，纳米物质所表现出来的一些新异特性也吸引着人们，如表面效应、小尺寸效应、量子尺寸效应以及宏观量子隧道效应等。目前，无机非金属矿物的纳米化在世界范围内还处于初级阶段，纳米化是否能够赋予矿物新特性，是否能够使矿物原有的性质得到加强，是研究的重点之一。

纳米矿物是对矿物显微颗粒达到纳米量级的所有矿物的统称，矿物形成过程中周围的温度、压力及流体成分千差万别，因此一些矿物在某些特定的环境中产生了纳米量级的结晶或非结晶，甚至是准晶态的具有不同的化学成分、显微结构以及物理性质的固体颗粒，这就是自然界中的纳米矿物。

对于大部分非金属矿物材料来讲，在传统工艺技术下，其粒度均是在微米量级以上，在这一量级保持着传统的物理、化学、磁、电等特性，但纳米量级，材料的性质则会产生巨大的变化，一些有关纳米材料的特性也会随之而来。

非金属矿物纳米化是非金属纳米矿物材料研究的基础和重点，对纳米材料制备技术的发展及应用具有较大的促进意义。例如，一些非金属矿物（如高岭石、蒙脱石）由于其具有层状结构特征，可以通过层间插层和剥离技术进行纳米化，与传统的纳米材料制备技术相比，具有原料丰富、工艺简单、成本低廉等特点，应用前景十分广阔；介孔矿物材料和生物矿物材料中的纳米性质为纳米材料的合成提供了新的模板和自组装思路。

6.2.2.2 非金属矿物纳米化的方法及原理

A 非金属矿物纳米化的方法

非金属矿物纳米化过程中仍存在许多未解决的难题，制备方法种类不多，一般可分为物理法和化学法，具体制备方法和分类见表6-4。

表6-4 非金属矿物纳米化的方法及其分类

纳米微粒制备方法分类		具体方法	特 点
物理法	物理气相法	激光气化法、高温电阻丝法等	微粒细小均匀，成本高，设备复杂，适用范围小
	物理液相法	高压气体雾化法、超声波粉碎法、高压液相剥片法等	微粒粒径小，粒度分布较窄，成本高，设备复杂
	物理固相法	高能机械球磨法、固体介质粉碎法、气流粉碎、冲击波诱导爆炸反应法、电弧法等	操作简单，成本较低，但易引入杂质，粒度不易控制且分布不均匀
化学法	化学气相法	化学气相合成法、化学气相沉积法等	为合成矿物，不适合结构复杂的矿物制备
	化学液相法	电化学法、插层聚合法、聚合物插层法、柱撑法	成本低，操作简单，多适合于层状矿物，形成复合材料
	化学固相法	机械化学法等	产量较大，成本适中，粒径较小，粒度不易控制，适用范围大

B 非金属矿物纳米化原理

随着超细粉碎在工业发展中地位越来越突出，人们研究超细粉碎过程中的机械化学并且将其应用到材料开发、建材工业、催化合成及废物处理等领域。

表6-5为粒径 $100\mu m$ 的微粒破碎所需碰撞速度。由表6-5可以看出，随着微粒粒径的减小，所需机械破碎的碰撞速度显著提高。因此采用加速碰撞的机械破碎法制备超细微粒是有限度的。目前，效果较好的气流粉碎机，平均粒径也只能超细到 $1\mu m$ 左右。而机械化学法通过在超细粉碎中产生的化学反应，不仅可以提高粉碎的效率，更能够突破极限，进一步减小微粒的粒径。因此对于非金属矿物来讲，机械化学法是目前较为可行的纳米化方法之一，更是其纳米化方法发展的方向。

表6-5 粒径 $100\mu m$ 的微粒破碎所需碰撞速度

试料	碰撞速度/m·s^{-1}	试料	碰撞速度/m·s^{-1}
石英玻璃	114	石灰石	23
硼硅玻璃	225	大理石	22
石英	66	石膏	13
长石	49		

　　机械化学作用对物质性质的影响在合成化学、表面化学、固体化学和材料科学的研究中都有反映，但表现形式有所不同。尽管目前对机械能的作用和耗散机理还不清楚，对众多的机械化学现象还不能定量和合理地解释，也无法明确界定其发生的临界条件，但对超细粉碎过程中机械化学作用的较一致的看法是：

　　（1）形成表面和体相缺陷；

　　（2）表面结构及化学组成发生变化；

　　（3）表面电子受力被激发产生等离子体；

　　（4）表面键断裂引起表面能量变化；

　　（5）晶型转变；

　　（6）形成纳米相复合层及非晶态表面。

6.2.3　非金属矿物功能改性的实例

6.2.3.1　膨润土的功能改性

　　对膨润土进行改性或者活化处理。通过改变膨润土的表面性质和层间结构，可以提高其对水中污染物的吸附性能和选择性。

　　改性膨润土的常用方法之一是利用表面活性剂或有机分子对膨润土进行有机化改性，增加其有机碳含量，使其表面由亲水性转变为疏水性，以增强对水中弱极性或非极性类有机污染物的吸附能力；其次是利用其层间易膨胀性，在层间引入其他大分子结构的聚合物，增大膨润土片层结构之间的距离。除上述两种改性以外，膨润土的热活化、酸活化等也是人们常常采用的简单而有效的改性方法。

　　A　膨润土的无机改性

　　膨润土的无机改性是指利用膨润土的膨胀性、吸附性或层间阳离子的可交换性，将聚合无机阳离子或无机高分子聚合物引入层间的一种改性。改性剂的选择是制备无机膨润土的关键，直接影响到其性能和应用。水合羟基—聚合金属阳离子是最常用的改性剂，包括Fe、Cr、Mg、Ti、Zr、Nb、Ni和Mo等十几种金属的多核羟基聚合阳离子都是理想的柱撑剂，其中尤以高电荷的羟基铝聚合阳离子的柱撑最多。无机柱撑膨润土具有独特的结构和性能。

　　无机改性膨润土最重要的优势在于利用膨润土的膨胀性和层间阳离子可交换性的特点。由于"层柱"将黏土层间分隔为二维多孔网状结构，使分散的矿物单晶片形成柱层状缔合结构，在缔合颗粒之间形成较大的空间，从而将膨润土层间撑开。它不仅增加了层内空间反应活性点，而且还有效地提高了膨润土的层间距及比表面积，由此改变了原土在水中的分散状态及性质，增强了其对环境物质的吸附性能和离子交换能力。

　　B　膨润土的有机改性

　　有机改性的研究始于20世纪30年代，其基本原理是用有机分子/离子、有机聚合物等，通过离子交换，把黏土矿物中原先存在的水合无机阳离子置换出来，依靠化学键力与膨润土结合而成有机膨润土制得单阳离子有机膨润土。常用的有机改性制有伯胺、仲胺、叔胺等有机表面活性剂，也有用具有聚合性能的改性剂，如丙烯酰胺、甲基丙烯酸酯等，其中以季铵盐阳离子表面活性剂应用最多。

有机膨润土的吸附性能取决于其结构。由于季铵盐阳离子进入层间，膨润土的表面性质和层间结构发生明显变化，在表面由亲水变为疏水的同时，黏土矿物中的有机质含量也大大增加，对水中有机物的吸附能力显著增强，膨润土改性后层间距增大，这是膨润土最重要的结构特征。有机膨润土的层间距越大，其疏水性越强，吸附性越好。

C　无机-有机复合改性

无机-有机复合改性是指将无机聚合物和表面活性剂相结合而对膨润土进行改性，用这种方法合成的膨润土称为无机-有机膨润土。无机-有机膨润土的制备流程一般为：先用多核羟基聚合阳离子处理膨润土，使其进入膨润土的层间，撑大层间距，并且导致电荷反转，然后再加入有机表面活性剂。

由于多核羟基聚合阳离子可以有效地撑开膨润土的层间距，有机表面活性剂长碳链亲水性的一端又具有强烈的吸附架桥作用，而且由于疏水作用形成长碳链尾部的强烈反应，弥补了表面吸附自由能电荷部分的不良影响。因此，无机-有机膨润土既具有有机膨润土的良好疏水性，可通过分配作用吸附有机物，又具有无机柱撑膨润土比表面积和孔容较大的优势，从而提高了膨润土对污染物的吸附能力。

6.2.3.2　海泡石的功能改性

天然海泡石酸性极弱，因此很少直接用来作为催化剂，常要对其进行表面改性后才能应用。目前研究最多的表面改性方法是酸处理和离子交换改性。其次是有机金属配合物改性及矿物改性和热处理改性等。

A　酸处理

海泡石结构单元均为硅氧四面体与镁氧八面体交替成具有 $0.38nm \times 0.94nm$ 大小的内部通道结构。由于 Mg^{2+} 具有弱碱性，遇弱酸会生成沉淀而沉积于海泡石的微孔结构中，故用强酸处理。不同强酸对海泡石的处理机理相同，均为 H^+ 取代骨架中的 Mg^{2+}，如图 6-10 所示。

在酸处理过程中，酸浓度、处理时间及处理温度对海泡石的结构有较大的影响。酸浓度越大，处理温度越高及处理时间越长，脱镁产物越接近硅氧四面体；反之，海泡石晶型并无较大改变。

B　离子交换改性

金属离子可进入海泡石晶格取代镁，其机理如图 6-11 所示。离子交换改性克服了酸

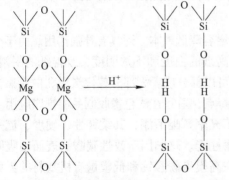

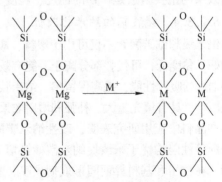

图 6-10　强酸对海泡石的处理机理　　　　图 6-11　海泡石晶格离子交换机理

处理使海泡石结构变化的效果，却不能增加海泡石的比表面积，然而金属离子取代八面体边缘的镁离子可使海泡石产生中等强度的酸性或碱性。

C　矿物改性

酸处理及离子交换改性实际上都是将海泡石结构单元中的镁替换成不同的离子或配合物。矿物改性是利用海泡石高的比表面积将矿物沉积于海泡石的表面及微孔中的一种处理方法。

D　热处理改性

热处理一般是用热空气在滚动干燥机内快速焙烧。热处理后海泡石的性质取决于焙烧温度、失水与相变等。在 100~300℃ 加热，可以提高海泡石的吸附能力，而加热到 300℃ 以后，海泡石的吸附能力减弱。

6.2.3.3　凹凸棒石的功能改性

凹凸棒石是一种具有链层状结构的含水富镁硅酸盐黏土矿物。凹凸棒石的功能改性有界面活化改性、热活化改性和酸活化改性三种。

A　界面活化改性

阳离子、阴离子和非离子型表面活性剂对凹凸棒石黏土的活化都有一定的效果，其中阳离子表面活性剂用得最多。

制备疏水体系用的凹凸棒石改性黏土可称为有机凹凸棒石黏土。通常使用季铵盐或磷化合物作为表面活化改性剂，原土应经过煅烧活化（200~500℃）。有机凹凸棒石黏土与有机膨润土的用途和性能不同，是一种高效吸附剂。它能有效地除去液体中的无机和有机杂质，用于水的净化、脱色漂白以及去除溶解或胶粒状染色体、金属阳离子类微生物和农药等。

B　热活化改性

热活化改性通过煅烧活化凹凸棒石脱去吸附水、沸石水及部分结合水，可变为多孔的干草堆状结构，使孔隙度、比表面积增大，吸附性能提高。

C　酸活化改性

酸活化是凹凸棒石基吸附材料的制备方法之一。天然凹凸棒石的脱色力不高，经酸处理后可提高其脱色力。所用酸主要为无机酸，如盐酸、硫酸和硝酸等。影响凹凸棒石黏土活化效果的主要因素是矿物的纯度、粒度、化学成分以及酸浓度、液固比等。

6.2.3.4　碳酸钙的纳米化改性

纳米级超细碳酸钙不仅可用于塑料、橡胶中增容降低成本，还具有补强作用。由于分散性能好、黏度低，可代替部分陶土，能有效地提高纸的白度和不透明度，改善纸的平滑度，改善油墨的吸收性能，提高保留率。纳米碳酸钙可以部分或者大部分替代炭黑和白炭黑作为补强填料，具有填充量大、补强和增白效果好等特点，适宜在浅色橡胶制品中推广应用。

在涂料中应用研究表明，改性纳米碳酸钙填充聚氨酯清漆，其柔韧性、硬度、流平性及光泽等性能均优于未改性纳米碳酸钙填充清漆性能。这归因于改性碳酸钙表面因吸附改性剂，在粒子和基料界面间形成韧皮膜，它能在高模量碳酸钙和低模量有机基料的界面区间进行适度的应力转移，提高了涂膜的柔韧性和硬度，同时由于改性碳酸钙在涂料基体中分散性好，而未改性碳酸钙由于表面能高，处于聚集状态。

7 非金属矿物的应用

当今世界，非金属矿物材料广泛应用于化工、机械、能源、汽车、轻工、食品、冶金、建材等传统产业以及航空航天、电子信息、新材料等为代表的高新技术产业和环境保护与生态修复等领域。

7.1 非金属矿物在工业中的应用

非金属材料源于非金属矿物和岩石，其来源广泛，功能性良好；在加工和应用领域中环境负荷小，污染轻。非金属矿物材料是 21 世纪世界各国着力开发的新型无机功能材料。非金属矿物材料开发和应用的水平也从一个侧面反映了现代社会和工业的发达程度。

7.1.1 非金属矿物在填料中的应用

7.1.1.1 非金属矿物填料的作用

非金属矿物填料的主要作用是增量、增强和赋予功能。

（1）增量。廉价的非金属矿物填料可以降低制品的成本，例如在塑料、橡胶、胶黏剂等中填充重质碳酸钙和轻质碳酸钙以减少高聚物或树脂的用量，在纸张中填充重质碳酸钙、滑石粉以减少纸纤维的用量。这种非金属矿物填料也被称为增量剂。

（2）增强。提高高聚物基复合材料，如塑料、橡胶、胶黏剂、人造石等的力学性能（包括拉伸强度、刚性、撕裂强度、冲击强度、抗压强度等）。非金属矿物填料的增强作用主要取决于其粒度分布和颗粒形状及表面改性。

（3）赋予功能。非金属矿物填料可赋予填充高分子材料一些特殊功能，如尺寸稳定性、阻燃或难燃性、耐磨性、绝缘性或导电性、隔热或导热、隔声性、磁性、吸附、调湿、抗菌、反光或消光、光催化等。无机填料赋予复合材料的主要功能见表 7-1。

表 7-1 赋予功能效果和相应的无机非金属矿物填料

功　能	填　料
尺寸稳定性或刚性	重质碳酸钙、轻质碳酸钙、滑石粉、重晶石、硫酸钡、高岭土、煅烧高岭土、云母、硅灰石、硅微粉、叶蜡石粉、石膏粉、白云石粉、凹凸棒土、海泡石等
阻燃	水镁石粉、水菱镁石粉、$Al(OH)_3$、$Mg(OH)_2$ 等
吸附与调湿	硅藻土、煅烧硅藻土、蛋白土、凹凸棒土、海泡石、沸石、膨胀蛭石、煅烧高岭土、膨胀珍珠岩、蒙脱石等
抗（耐）磨	石墨、碳纤维、二硫化钼、炭黑等
遮盖/增白	高岭土、滑石粉、碳酸钙、云母、皂石、碳酸镁、氧化镁等

功　　能		填　　料
其他	隔声、隔热	石棉、硅藻土、膨胀蛭石、石膏、岩棉、膨胀珍珠岩、沸石、多孔二氧化硅等
	消光	硅藻土、煅烧高岭土、蛋白土、多孔二氧化硅
	反光	硅灰石、方解石、钛白粉
	导电	石墨、炭黑、碳纤维等
	抗菌	纳米二氧化钛、氧化锌、电气石、沸石、纳米 TiO_2/多孔非金属矿物等
	绝缘	云母、硅微粉、煅烧高岭土、高岭土、滑石、叶蜡石等
	光催化	纳米 TiO_2/多孔非金属矿物（硅藻土、纳米 TiO_2/蛋白土、纳米 TiO_2/凹凸棒土、纳米 TiO_2/沸石等）复合光催化材料

7.1.1.2　非金属矿物填料的性能

与非金属矿物填料填充效果有关的主要性能是化学成分、粒度大小和粒度分布、比表面积、孔结构（孔体积与孔径分布）、颗粒形状或晶型结构、堆砌密度以及热性能、光性能（折射率）、电性能、色泽（白度）和表面官能团等。

7.1.2　非金属矿物在颜料中的应用

颜料粒子本身并不具有染着物体的能力，而是借助基料固着于物体表面或微细地分散于基料中实现着色，并起装饰及保护（如防锈、防腐、防辐射等）作用。非金属矿物颜料属于无机颜料，除了珠光云母外，大多数非金属矿物颜料属于体质颜料，兼具着色和填充两种功能，广泛应用于涂料、纸品、橡胶、塑料、油墨等领域。除了着色外，非金属矿物填料还具有以下作用。

（1）增加涂膜的厚度，提高涂层的耐磨性、耐候性、耐热性、耐化学腐蚀、耐擦洗等性能，在涂料和油墨中起骨架作用同时调节涂层的吸光或反光性能。

（2）增加纸张的白度和不透明度，提高纸张的书写性能和印刷性能或吸墨性能。

（3）提高橡胶和塑料制品的耐磨、耐候、耐热、滞燃、阻燃及光学等性能。

（4）改善胶黏剂的物理性质，如补强、流变性，增加不透明性并赋予其阻燃和电绝缘等性能。

（5）降低生产成本，一般非金属矿物颜料的价格较其他无机颜料低，而且添加量较大。

7.1.3　非金属矿物在环境材料中的应用

现代工业的高速发展和城市化的加快在创造了前所未有的物质财富和精神财富的同时，对环境与发展的关系处理不当，过度地、不合理地开发利用自然资源，造成了全球性的生态破坏和环境污染。因此，防治污染、保护环境已成为当务之急。非金属矿物环境材料可以定义为由非金属矿物及其改性产物组成的与生态环境具有良好协调性或直接具有防治污染和修复环境功能的一类矿物材料。许多非金属矿物均可以用于生产环保型材料。

7.1.3.1 膨润土

随着膨润土使用范围的不断扩大，国内外近年来已开展了利用膨润土处理废水的各类研究，特别是应用于富营养化水体净化处理的研究更是受到人们的格外关注。而我国天然膨润土资源丰富，因此开发膨润土和改性膨润土水处理剂具有广泛的应用前景。

7.1.3.2 沸石

美国、日本都已建造了一定规模的天然沸石污水处理厂。我国在沸石用于饮用水净化及工业污水处理方面取得了很多成果。以煤矸石、高岭土、膨润土等为主要原料生产人工合成沸石，用来代替传统洗涤剂中的助洗剂三聚磷酸钠，可大大减少洗涤废水中残余磷对生态环境的污染，这是世界洗涤剂产业发展的趋势。

沸石处理废水有以下优点：

（1）储量丰富，价廉易得；

（2）制备方法简单；

（3）可去除水中无机的和有机的污染物；

（4）具有较高的化学和生物稳定性；

（5）容易再生。

7.1.3.3 硅藻土

我国硅藻土的品位普遍较低，其中硅藻含量偏低，而杂质含量较高，其应用领域受到限制。为了提高硅藻土污水处理的效果，需对硅藻土原土进行提纯、活化、扩容和改性等处理。

将硅藻土应用到废水处理领域，不但为我国丰富的硅藻土资源开辟了一个广阔的新市场，也有利于缓解我国目前污染治理方面所面临的"二次污染"问题，且因为硅藻土是一种天然矿物，硅藻土污泥的回收利用空间大，且稳定性好，经适当的处理可回用到农业、废水处理或建材等领域。

7.1.3.4 海泡石

海泡石价格低廉，来源广泛，经活化后制得的吸附剂具有高效、可再生的优点，是一种很有前途的环境材料。采用热酸活化方式对其进行处理，可以改变海泡石的结构和空隙率，并改变其表面活性。酸改性后的海泡石对 CO_2 有很好的吸附作用。

7.2 非金属矿物在农业中的应用

目前世界范围内能利用的非金属矿物种类有 200 余种，国内开发利用的有 94 种，其中应用于农业生产的约 20 种，主要应用于土壤改良、矿物肥料、肥料添加剂、农药添加剂、饲料工业、畜牧养殖、渔业养殖和种子处理等领域。其特点是种类不断增多，用量迅速增大，应用领域不断扩大，利用工艺趋向简单，使用普及率大大提高。

7.2.1 非金属矿物在土壤改良中的应用

非金属矿物改良土壤的方法主要是给土壤添加某些非金属矿物岩石或矿物制品，改变土壤结构、酸碱度和含水性能。科学地针对不同非金属矿物和土壤特性以及农作物的生长所需而施用不同的矿物种类能达到既增加肥力，又改良土壤的作用。

某些非金属矿物除了本身含有改善土壤所必需的钙、氮、磷、钾以及各种微量元素之外，同时还具有特殊的物理化学性质，如阳离子交换性质、吸附性、酸碱性等特点，使用后可以明显改善土壤的物化性能，改良土壤的结构与性能，改善土壤的通透性，改变酸碱度，增加保水性等，使土壤能更好地适应作物生长。

我国应用到土壤改良方面的非金属矿物大约在 20 种，主要是与土壤直接混合施用，如将沸石、高岭土、凹凸棒石、膨润土等与土壤直接混合后能够起到改善土壤性质，促进作物对营养物质的吸收等作用。

此外，由于土壤污染等土壤环境问题日益严重，重视非金属矿物在土壤保护中的作用，具有重要的现实意义，因此综合利用不同非金属矿物的特性，研究多种非金属矿物复合物及其改性产物在土壤环境保护中的应用也具有重要的意义。

主要非金属矿物在土壤改良中的应用如下。

7.2.1.1 沸石

由于沸石具有独特的空间结构和物化性能，因此，沸石在农业中常作为土壤改良剂使用。

(1) 由于沸石具有较大的比表面积和较强的静电场，施用沸石后结合耕作，沸石可以把细土和黏粒吸附到它的周围，渐渐形成团聚体。

(2) 沸石中的阳离子与晶格架中其他质点结合不很紧密，在水溶液中与其他离子进行交换，也能使土粒凝聚，促进土壤团粒结构的形成。

(3) 沸石不仅能疏松土壤、中和土壤酸性，而且能有效地控制施入土壤的肥料中铵态氮和钾的释放，从而延长养分在土壤中的保留时间。

(4) 可使土壤离子交换容量提高，而且沸石本身也含有作物需要的微量养分。

(5) 抑制土壤和肥料中有害物质向作物体的转移，有利于作物品质的改善。

A 天然沸石对于吸附土壤中磷的研究

沸石本身含磷很少，有的只含微量的磷素，但沸石或沸石交换体通过沸石上的吸附性阳离子和磷矿石中的 Ca^{2+} 进行交换，以重新释放石灰性土壤中累计的难溶性磷。施用沸石后，土壤中有效磷明显增加。其原因一是沸石对磷的吸附，使磷的有效性不至于改变；二是交换作用，使磷酸避免与 AP^{+} 作用而固定；三是调节土壤酸碱度，防止水溶性磷退化。

B 施用沸石对土壤微生物生物量的影响

沸石还能改善土壤微生物环境，提高土壤养分的生物有效性。沸石还能提高土壤中真菌、细菌和放线菌的数量和土壤微生物活性，其中沸石处理土壤显著高于蛭石处理的相应值。

C 天然沸石在温室土壤改良中的作用研究

天然沸石对于温室中土壤的改良也有重要的作用。温室大棚施用以沸石为主要成分的土壤改良剂有以下作用：

(1) 可有效改良土壤，使土质疏松，pH 值得到调解，阳离子交换量增加，土壤的保水保肥性得到提高，土壤的组成得到改善；

（2）可使土壤中的磷、钾肥转化利用率提高，从而减少化肥施用量；

（3）可使蔬菜产量增加，没有退化的土壤施用沸石后增产效果会更佳，而且可以长期保持肥效；

（4）可提高蔬菜的抗病性、耐旱性、抗冻性。

7.2.1.2　膨润土

膨润土还具有缓和土壤中的酸，提高对养分和水分的吸附与置换能力，增强土壤的透气性和透水性等的作用。

A　膨润土对土壤理化性质的改良作用

膨润土具有很强的吸水性，施入土壤中可以增加土壤团聚体的数量，降低土壤容重，增大土壤孔隙度。土壤团聚体是土壤结构的基本单位，影响着土壤的孔隙性和持水性，其组成和稳定性直接影响着土壤肥力和农作物的生长。所以，膨润土能改善土壤的保水透气性。另外，膨润土还能改善土壤中有机质的数量和品质。

膨润土在促进松结态腐殖质分解、加速紧结态腐殖质合成方面有重要作用，有利于增加土壤系统的内稳性。膨润土能使其脂肪族物质增多、芳化度降低。膨润土能够提高土壤腐殖质含量，改善土壤腐殖质特性，从而提高了土壤肥力。

B　膨润土对污染土壤的修复作用

土壤的化学性质会影响作物的产量和品质，并通过食物链最终危害到人体健康。土壤污染主要包括重金属污染和有机物污染，另外，还包括放射性污染。

膨润土可以对有机污染的土壤进行修复，典型的是石油污染土壤。目前，石油污染土壤存在污染面积大，用物理化学方法治理后农作物仍不能生长等的问题。膨润土能改良受汽油和柴油污染的土壤，提高种植作物的产量和含氮量。

由于膨润土的离子交换作用及吸附性，它还可以对盐碱地进行修复，降低土壤的含盐量；对酸性土壤进行修复，降低土壤酸度。

7.2.1.3　硅藻土

硅藻土作为一种吸附性矿物不仅能影响土壤的理化性状，改善其保肥性、保水性、透气性及保温性等性质，同时还能改良重金属污染的土壤，缓解土壤毒性，改善土壤养分元素的分布和形态，提高土壤养分元素的活性，提高肥料利用率等。因此，硅藻土是理想的土壤改良剂。

A　对土壤 pH 等理化性质的影响

硅藻土的施用对土壤理化性质有一定的影响，硅藻土施用到中性、碱性土壤中，施加量的变化对中性土壤有机质影响不大，但有降低土壤 pH 的功效；施用到酸性土壤中时能够提高土壤 pH。由此可见，硅藻土的施用可以改良土壤的理化性质，从而改善作物的生长环境，提高作物产量。

B　对重金属污染土壤的改良

硅藻土能充分将土壤中交换态的铅转化为残渣态，并且在此过程中，硅藻土的施加不会对土壤 pH 和有机质等理化性质造成较大的影响，能够保证其他形态的铅稳定存在，从而降低了土壤铅的活性和生物有效性。

硅藻土吸附 Pb^{2+} 的控制步骤为孔道内的化学反应，这证明硅藻土对 Pb^{2+} 的吸附不只是简单的表面交换吸附，而主要是与硅藻土孔道内部基团的复杂综合吸附。吸附于孔道内的 Pb^{2+} 可以长期有效存在于硅藻土颗粒内，从而达到对铅的有效固定。

7.2.1.4　凹凸棒石

凹凸棒石具有强大的吸附能力，与土壤中的重金属镉、铜发生离子交换作用，可以固定土壤中的镉、铜，防止其在土壤中迁移，进入植物体内；也可以作为放射性物质和有毒气体的吸附剂，并且还可以吸附水溶液中的铀。另外，凹凸棒石黏土具有极好的黏着力，强的油吸附能力和低密度，可以作为土壤中肥料结块的调节剂。用酸处理过的凹凸棒石黏土，能有效地防止硝酸铵、硫酸铵、尿素等氮肥中氮的损失。凹凸棒石黏土在农业上的开发趋势是土壤的保水保肥领域。

A　凹凸棒石对土壤团粒结构的影响

土壤肥力是评价土壤优劣的重要指标，土壤团粒结构决定土壤的物理肥力，同时也决定土壤的通气性和透水性，粒径 0.25~5.00mm 的团粒含量越高，土壤透气度越大，土壤涵养水分和供应植物所需水分的能力越高。

B　凹凸棒石对土壤中磷素及其他养分含量的影响

凹凸棒石所具有的独特的微观结构、外观形态，以及荷电性质，使其具有优良的吸附性质，施于土壤中对土壤中的养分含量，尤其是磷素的含量有重要的影响。

C　凹凸棒石对土壤重金属污染的修复

重金属在土壤中由于不能被微生物分解而在土壤中富集，当积累到一定程度就会对土壤-植物系统造成危害，并会通过食物链威胁人类的健康。近年来土壤重金属污染越来越严重，国内外关于土壤污染防治的研究中，人们一直在强调土壤的自净能力。土壤的自净能力主要是通过土壤中黏土矿物、腐殖酸和复杂的有机、无机复合体组成的土壤胶体体系来实现的。其中黏土矿物作为土壤胶体的主体，在土壤自净过程中起的作用至关重要。凹凸棒石为黏土矿物的一种，因其特殊的晶体结构和理化性质而对重金属具有较强的吸附能力，因而在修复重金属污染的土壤中起着举足轻重的作用。

D　凹凸棒石对土壤微生物（环境）的影响

土壤微生物是土壤的重要组成部分，是土壤有机质和土壤养分转化和循环的动力，土壤微生物群落结构与组成的变化和作物的生长状况，反映了土壤生态系统稳定水平及土壤质量。凹凸棒石作为一种新型土壤改良剂添加到土壤中，其独特的结构和性质，会使土壤中微生物类群数量和组成比例发生较大的变化。

E　凹凸棒石对作物生长的影响

凹凸棒石具有独特的吸水性、可塑性、黏结性，较强的离子交换性质和吸附性质，能有效地吸附水体和土壤中的各种有利于农作物生长的营养元素，调节 PH，保持并调节土壤肥力，促进植物生长。

7.2.2　非金属矿物在肥料中的应用

非金属矿物做矿物肥料在农业中的应用效果显著，与传统肥料相比，非金属矿物肥料有其独特之处，具有一般单一的氮、磷、钾肥无可比拟的优越性。

非金属矿物除本身可以直接作为廉价矿物肥料之外，它作为肥料添加剂与其他肥料一起制成各种混合肥料、复合肥料和多元微量元素肥料等也受到了广泛的重视。非金属矿物做肥料添加剂不仅改变了过去施肥单一、土壤养分不均衡的现象，还能够改善传统有机肥料和化学肥料的成分结构和肥料的性能，从而有利于农作物对肥料养分的吸收，并且还可起到保水、保肥和防止土壤结块的作用。

7.2.2.1 沸石

A 天然沸石作为复混肥料添加剂

氮素肥料在运输和施用过程中营养元素流失严重，流失量高达50%以上。沸石对氮、磷、钾有良好的吸附和阳离子交换性能。与化肥混合施用，或用其制成复混肥，可以减少有效营养元素的流失（达20%以上），并能改良土壤性能，显著降低农业种植成本，具有良好的经济效益和社会效益。

沸石肥料长期保持松散状态，不吸潮、不结块，施用方便，此外，减少磷肥施用量，降低了氟污染，有助于提高土壤质量和改善环境，生态效益显著。

B 沸石做氮磷钾肥料增效剂

沸石对肥料中速效氮、磷、钾有保持作用。沸石能提高小麦、玉米生育前、中期耕层土壤速效氮、磷、钾含量，对化肥中的有效养分在较长时间内具有一定的保持作用，并且随着小麦、玉米生长发育对肥料需求量的增加，显示出沸石保持肥料中速效养分的作用越大，该养分在耕层中的含量相对越高；而且随沸石对肥料添加比例的逐渐加大，沸石对肥料中养分的保持作用相应增大，耕层土壤中速效养分含量逐渐增加。同时，随该肥料养分不断消耗下降而趋于稳定。

7.2.2.2 膨润土

膨润土具有较强的分散性、吸附性以及阳离子交换性，是一种用途十分广泛的黏土类矿产。采用膨润土作为肥料的载体、控释材料调理剂，不仅可以改善肥料的物理性状，而且可以减少肥料养分在土壤中的损失，控制肥料中养分的释放，提高肥料的利用率。

A 肥料的添加剂

肥料生产中，加入少量的膨润土可以降低肥料含水量，防止肥料结块，使其保持良好的松散性，并提高肥料颗粒的粒度，增加肥料颗粒的机械强度，有利于肥料的运输、保存和使用。膨润土等矿物作为添加剂在肥料中的应用国内外已进行了广泛的研究。

膨润土具有很强的吸附力，与化肥混施，可以延长土壤的供肥时间，从而提高肥效。

B 作为肥料的载体

膨润土用作肥料的调理剂，也起到部分载体的作用。但作为肥料的载体，一般用量较多。膨润土作为肥料载体，不仅可以改善肥料的物理性状，增加肥料在运输、贮存过程中的稳定性，而且可以减少肥料在土壤中养分的损失，控制肥料中养分的释放，提高肥料的利用率，从而提高了肥料的增产效果。

7.2.2.3 硅藻土

A 硅藻土的肥料效应

硅藻土是一种硅藻和其他微生物生物化学沉积成的硅质沉积岩化石，除能够为作物生长提供一些必需的营养元素外，其细腻、松散、质轻、多孔、吸水渗透性强和pH近中性的特点，使它具备为植物生长提供一个完美的生长环境的能力，因此，硅藻土作为矿物肥料应用于农业生产也受到了广泛的重视。

硅藻土是一种优良的基质添加成分，其吸水、保水性能均优于蛭石和珍珠岩。其物理结构具有更好的保水保肥能力和较好的通气性，更有利于植株养分的积累，同时也说明添加硅藻土成分更有利于基质的保水、保肥能力。

B　硅藻土做肥料载体

提高化肥利用率的途径有很多，用硅藻土等非金属矿作载体不仅可以使速效肥变为长效肥，使化肥有效成分的释放周期延长，还具有生态环保等环境效益。对硅藻土作为化肥的载体，可以极大地提高肥料利用率，防止化肥的流失，提高化肥时效性、缓释性和抗结块性。此外，硅藻土做肥料载体还可以发挥硅藻土的土壤改良作用，改善土壤的性状，进而促进农作物的生长。

7.2.2.4　钾长石

钾长石在农业中主要是作为钾肥和复合肥的原料使用。

A　钾长石生产钾肥的重大意义

钾不但是作物生长发育不可缺少的营养元素之一，也是常因土壤中供应不足而影响作物产量的一个重要元素。在氮、磷充足的基础上施用钾肥，不但能够提高农作物的产量，而且能够改进农作物的品质，如钾可增加作物的含糖量，改进纤维的品质，增加蔬菜中维生素的含量等。钾肥是农业中不可缺少的常用三大肥料之一，目前世界上一般是从可溶性钾矿石中提取钾或直接以钾盐矿物为原料制造钾肥。

B　钾长石生产钾肥和复合肥的加工方法

利用钾长石或其他含钾硅酸盐类岩石生产钾肥和复合肥的方法很多，但是除制取钾钙肥和钙镁磷钾肥外，大多还停留在试验或试生产阶段。目前，钾长石制取钾肥的加工方法大致可分为三类。

（1）直接法将钾长石配料直接制得含钾肥料，如钾钙肥、钙镁磷钾肥、硅镁钾肥和细菌肥料等。

（2）浸取法用酸、碱或盐类在高温或加压下处理矿石，使矿石中的钾浸取出来，制成纯度较高的氯化钾、硫酸钾等钾肥。

（3）挥发法将钾长石与石灰石等其他原料一起高温煅烧，使钾挥发出来，加以捕集回收，即得到含钾量较高的肥料。一般采用挥发法时，同时希望获得水泥。如在烧制水泥的配料中，用钾长石等含钾矿石代替黏土，即可得到窑灰钾肥。

7.2.3　非金属矿物在畜牧业中的应用

非金属饲用矿产品主要由镁铝硅酸盐非金属矿物组成，由于其含有丰富的常量和微量矿物元素，适量添加不仅可以补充禽畜生长发育的需要，促进禽畜生长，而且使产品具有良好的分散性、悬浮性、胶体性、吸附性、离子交换性、润滑性、触变性等物理化学特征。

矿物饲料是饲料工业原料的重要组成部分，是禽畜等正常生长不可缺少的营养性的微量元素添加剂。非金属矿物饲料资源含有丰富的有利于动物吸收与生长的营养元素、结构元素和微量元素，具有较高的分子孔隙度和良好的吸附性、吸水比、膨胀比、流动性、可溶性、离子交换和催化性能等。因此，非金属矿物在禽畜饲料生产中作预混饲料载体、防结块剂、流动剂、润滑剂等不仅能改善饲料的饲养效果，为动物的生长提供多种营养元素，从而提高饲料转化率，增加禽畜产量，而且还能够促进动物机体的新陈代谢，在禽畜消化过程中，能吸附禽畜消化排出的有害物质和细菌、病毒，增强禽畜肌体，减少发病率，以及改善饲料环境，节约饲料用粮，降低饲料生产成本等作用，概括起来主要有以下几个方面：

（1）作为动物饲料的添加剂，起促长、缓释和调味功能；

（2）作为饲料中营养元素的调节剂；

（3）作为动物体内的吸附剂和净化剂；

（4）作为动物的药剂或药物助剂；

（5）作为饲料的抗结块剂和制粒剂；

（6）用于饲料脱毒等。

此外，试验研究表明许多非金属矿物，如沸石、膨润土、高岭土、凹凸棒石、海泡石、皂石、漂白土、陶土、白云岩、灰岩、方解石、菱锰矿、硅质岩、石膏、磷灰石、磷矿石、水绿矾、胆矾、泥炭、风化煤、褐煤等均能作为矿物饲料使用，在防治禽畜疾病、促进禽畜生长，提高产蛋、产奶率、节省饲料、降低成本等方面具有良好的效果。

7.2.3.1 沸石

A 天然沸石作饲料添加剂

天然沸石作饲料添加剂，主要是因为以下几方面。

（1）利用沸石所具有的独特结构所产生的吸附和离子变换性能，它使氨、硫化氢、二氧化碳等极性分子与沸石内的金属离子相互交换，大大降低了这些极性分子的浓度，改善了胃肠的工作条件，保护了胃肠的生理功能。沸石对胃肠中过量的氨产生束缚作用，即对 NH_3 的吸附作用和 NH_4^+ 的离子交换作用。随着消化系统中氨浓度的降低，束缚在沸石中的氨又被缓缓释放出来，起到动物消化道中氨储存器的作用，既降低了氨的毒性，又有利于动物对养分的充分消化和吸收。

（2）饲料中的蛋白质在动物的胃肠中被分解为氨基酸，氨基酸的极性分子有的和沸石进行离子交换，非极性氨基酸分子被吸附，可能也进行着吸附或离子交换，而后又缓慢释放，从而提高了饲料蛋白质的消化吸收率。

（3）沸石在机体内可能具有对多种生物酶的催化作用，能促进机体对有机饲料的吸收，从而提高饲料的营养价值。

（4）沸石具有高效的吸附性能，可吸附肠胃内的某些细菌，抑制某些病原菌的生长发育，沸石还可刺激胃壁及肠道，促使动物制造更多的抗体，提高防病能力。

（5）天然沸石中含有动物生长发育所必需的大部分金属元素，这些元素大多数以可变换的离子状态存在。虽然沸石中硅、铝离子含量很多，却以硅氧四面体或铝氧四面体形态组成沸石的基本格架，结构稳定，难以分解，不被动物机体吸收，对机体不产生有害作用。

因此，沸石添加到动物和家禽饲料中，可使饲料得到更好的消化，并且具有激活某些器官性能，增加体重和成活率，降低畜医治疗的费用，预防和治疗消化道疾病，提高机体抗病力等作用。

B　渔业水质保护剂

鱼虾场中当放养密度较大时，残余鱼虾食物和鱼虾的排泄物会使水中铵离子和硫化氢的浓度迅速增加，造成鱼虾中毒生病，甚至大量死亡。用天然沸石制成水质保护剂，不仅能有效持久地去除水中离子型、非离子型氨氮、硫化氢，防止浮游生物过量繁殖，而且能有效地改善水质及鱼虾池底质环境，延缓池底老化，增强鱼虾体质，提高抗病能力。例如，国内已研制生产出天然沸石高效水质保护剂"鱼虾安"，可明显防止虾浮头、黑腮病、黄腮病等多种疾病发生，使用效果良好而且成本低，深受农民欢迎。

C　防腐保鲜剂

沸石是含结晶水的碱金属或碱土金属的铝硅酸盐，近年来，已把预处理的沸石作为食品、水果、蔬菜、鲜花的保鲜剂。如将粒状沸石用高锰酸钾或氢氧化钙溶液浸渍后，盛于通气性的容器里，把水果、蔬菜和鲜花放在里面，就可较长时间保持新鲜。

此外，将沸石粉撒在家畜饲养场和农田，可吸附粪便中的铵离子，减轻臭味；撒入污水中，也可吸附铵离子和浮游物质，消除臭味，减少环境污染等。

7.2.3.2　膨润土

膨润土除含大量硅（Si）、铝（Al）化合物外，还含有磷（P）、钾（K）、钠（Na）、铜（Cu）、铁（Fe）、镁（Mg）、锌（Zn）、锰（Mn）、钴（Co）、铬（Cr）、钙（Ca）、钡（Ba）、钼（Mo）、钛（Ti）等20余种动物生长发育所必需的动物吸收利用，起到补充和平衡作用，有利于动物的健康生长。

A　作饲料营养元素的添加剂及动物生理功能的调节剂

在传统饲料中按一定比例添加饲用矿物或岩石，即可补充动物矿质营养，起到促进动物催肥剂等作用，又可使动物早熟、早肥、增产并起到节省饲料及降低饲养成本的作用。而膨润土作为其中的代表，具有良好的应用效果。在家禽、鱼饲料中添加膨润土，能够预防畜禽疾病，提高成活率和食欲，有显著增产效果。

B　作动物体内营养物质的载体

膨润土的强吸附性能使它在饲料中能起到营养成分载体的作用。能增加动物营养物质的间隔，延长营养物质在消化道内通过的时间，起消化吸收的增补功能。

C　药物功效

许多饲用非金属矿物，具有强吸附等物理性能，在配合饲料中添加一定比例饲用矿物质，可起到杀虫、灭菌、防病、治病之药物功效。

蒙脱石在治疗和控制仔猪各种腹泻方面有很好的应用，其主要通过保护肠黏膜屏障功能发挥其抗腹泻的功能，作用机理不同于抗生素。

7.2.3.3　硅藻土

硅藻土在畜牧业中主要是作为饲料添加剂使用。在饲料中添加适量的硅藻土，能有效延长饲料在动物胃中的停留时间，增加其消化，并促进吸收，促进畜禽生长。此外，把硅藻土按比例添加在饲料中，可以有效地抑制结块的产生，当动物被喂食了这些加上了硅藻土的饲料的同时，由于硅藻土具有一定得抑菌性能，也对动物体能的部分寄生虫起到抑制作用。

7.2.3.4 凹凸棒石

凹凸棒石中含有动物有机体所需要的 12 种微量元素，其中由于碘、硒、锌含量高，汞、铅、砷等有毒元素含量较低，并且凹凸棒土还具有良好的承载性质、合适的酸碱度和粒度均匀等特点，因而成为一种特质矿物质饲料添加剂，在畜牧业中得到广泛的应用，其主要作用主要有以下几个方面。

A 改善动物生产性质

凹凸棒石粉之所以能够提高动物的生产性质，主要有以下特点：

一是由于凹凸棒石含有畜禽所必需的常量和微量元素，包括 Cu、Fe、Zn 和 Se 等，其中重金属元素（如 Pb、As、Hg 等）含量极低，在动物体内被吸收利用，从而促进动物代谢和机能；

二是由于其所含金属元素的化合物质易溶于稀酸，当它通过胃肠道时，其中的元素直接被动物吸收利用；

三是土粉具有不被体内电解质絮凝和在各种代谢过程中起着催化激活酶的作用；

四是凹凸棒石粉具有层状、链状、纤维状晶体结构和纳米级孔穴通道的微观构造，因此具有较大的比表面积和吸附能力，可延长饲料在消化道内的停留时间，利于充分消化吸收；

五是凹凸棒石粉具有纤维晶体形态，对肠道内 NH_3 等有害物质具有吸附作用，可改善机体消化道微生态环境和机能。

此外，凹凸棒石粉还可吸附细菌，有利于动物生长和健康。

B 作为缓释剂缓释非蛋白氮

非蛋白氮（NPN）可以直接饲喂反刍动物，降低饲料成本。但是 NPN 的主要原料尿素的适口性差，释放氨的速度快，利用率低，而且容易引起中毒，因此需要借助载体以提高其利用率。由于凹凸棒石有独特的沿 a 轴排列的纳米级多孔结构，比表面积大，吸附性强，因此与尿素混合后，其氨离子很容易向载体内部孔道中渗透扩散，均匀分布在凹凸棒石中。所以 NPN 持效期长，其效果比膨润土好，并且凹凸棒石还可以有效防止因尿素潮解、热解造成的氮素损失，以及结块等不良现象。

此外，当 NPN 进入反刍动物消化道后，在凹凸棒石的参与下形成胶体状，减缓了饲料的流动速度，延长停留时间，提高氮的利用率。当消化道中氨离子含量过高时，可被凹凸棒石吸附到其微孔中，然后缓慢释放，起到吸氨保氮的作用。

C 在饲料加工中作为黏结剂、微量元素载体

物料黏结性与其比表面积有关。凹凸棒石颗粒细小，比表面积极大，在适量水分下可表现出很高的黏结性，因此在颗粒饲料生产中可作为黏结剂。研究表明，在配合饲料中添加 1%~3% 的凹凸棒石可生产出品质良好的颗粒饲料。另外，凹凸棒石是单晶体聚集物，呈纤维网状结构，具有良好的承载性质，能够承载多种微量营养元素。当凹凸棒石与饲料混合进入动物消化道后，其承载的微量元素与自身所含阳离子一起释放，在消化道中被消化吸收。例如凹凸棒石中含有鱼类生长必需的多种微量元素，作为添加剂应用在鱼类颗粒配合饲料中，可以减少无机盐的用量，部分取代常用的黏结剂。

7.2.4 非金属矿物在农药中的应用

黏土具有特殊的孔状晶体结构，由于其相对密度极小（≤0.4）、比表面积大、吸附能力强、悬浮性高、吸油性好、增稠性明显等特点，而被广泛应用于农药制剂加工工艺。针对上述特点，采用精选高纯度凹凸棒黏土等为主原料，经水洗、挤压、研磨、活化、超细粉碎等工艺加工成为优质农药专用填料，以满足广大农药生产厂家对农药填料的需求。

农药用非金属矿物大致可分为两类：第一类是直接用于杀菌灭虫的矿物，其中往往含有一些毒性元素，如 Hg、As、S 等，对病虫害有抑杀作用，这类矿产主要有硫黄、雄黄、雌黄、滑石、菱镁矿、萤石、辰砂、石膏、海泡石等；第二类是作为农药的填料（载体、掺合剂和吸附剂等），其作用是将农药较长时间地保留在土壤内，使其发挥最大的杀虫灭害作用，其主要矿物有滑石、蒙脱石、凹凸棒石、海泡石、珍珠岩等。非金属矿物可在农药中用作农药吸附剂、农药悬浮剂、农药载体。

7.2.4.1 硅藻土

A 硅藻土作为杀虫剂

硅藻土及其提取物可作为农田果园的杀虫剂、除草剂，将硅藻土颗粒散布到地面上或埋入土中，可吸附杀死一些害虫。由于硅藻土无毒、无害，与粮食分离容易，还可再循环利用分离后的这些特性，在提倡环保，提倡健康饮食的今天，硅藻土这种无毒无害并且可再利用的杀虫剂就更彰显其非凡的重要性。

硅藻土之所以能够作为杀虫剂起到杀虫的作用，其原因是硅藻土易磨成粉末，并且其粉末的每一细微颗粒都带有非常锐利的边缘，与害虫接触过程中，可刺透害虫体表，甚至进入害虫体内，引起害虫呼吸、消化、生殖、运动等系统出现紊乱。

B 硅藻土做农药载体

硅藻土最基本的特征是具有独特的有序排列的纳米微孔结构，孔隙率可达 60% ~ 92%，有大的比表面积和孔容，轻质、多孔、化学性质稳定，吸附性极强等。因此硅藻土的吸药值高，而且被吸附的农药能渗入到硅藻土的微孔中，缓慢释放，所以分解率低，药效期长；它的化学性质极为稳定，不与农药发生化学反应，能保持农药固有的特性，使药效得到发挥；它吸油率高、悬浮率高，吸湿率低、润湿性好，能配制出高品质农药；它有一定的塑性，能制成多种形状和型号的产品，因此硅藻土是最佳的农药载体之一。

7.2.4.2 凹凸棒石

在农药行业中主要利用凹凸棒石比表面积大、吸附力强和悬浮性、增稠性、黏结性好等特点，作为颗粒农药粒剂，粉剂农药、液体农药的悬浮剂、增稠剂，便于飞机大面积喷洒。黏土矿物用作农药的颗粒剂，主要的作用有三个方面：一是载药；二是稀释；三是缓释。采用凹凸棒土的颗粒状农药载体，密度小，粒度均匀，流动性好，可直接喷涂或掺混，生产成本低，减少生产工序，在使用时无粉尘污染环境，并且可以防止挥发性农药向大气扩散，防止农药被土壤吸附而丧失活性，防止农药落入水中或随气流带走而污染环境。此外，利用凹凸棒石生产的农药在土壤中释放缓慢，可以延长药效。凹凸棒石具有一定的阳离子交换能力，在土壤中可保水，调节 pH 值，并可为植物提供一定的微量元素，促进植物生长。

　　凹凸棒石是一种具有特殊结构和功能，含有多种生物活性物质的重要非金属黏土矿。我国凹凸棒石矿产资源丰富，价格低廉，目前主要应用于建材业、采矿业、食品业、印染业、环保领域等方面，而在农业中的应用研究较少。随着农业的进一步发展，凹凸棒石在农业中的应用将会逐渐被人们所重视。

7.2.5　非金属矿物在其他方面中的应用

　　除以上几个方面外，非金属矿物在浸种、种子包衣、渔业、保鲜等方面也具有良好的效果。

　　海泡石等非金属矿物可作为良好的种衣剂原料。有些大田作物和瓜果蔬菜类优良品种价格昂贵，且颗粒细小，机械播种时容易浪费。将种子表面上包上一层矿物质种衣剂后，种子容易机械播种，播入土壤后包衣遇水分解，包衣中的养分供种子发芽，还可以起到保水保肥的作用。而海泡石除本身起一定作用外，又使肥料和农药增效，这样不仅有利于机械播种，还能提高作物的产量与品质。

　　非金属矿在渔业上应用也日渐增多，非金属矿物既可以作为饲料添加剂，起到饲料矿物的作用，也可以作为饲养环境的净化剂，从而改善饲养场的卫生条件，进而提高渔业的产量与品质。如麦饭石由于具有较强的吸附性，所以除能提高水中氧气含量外，在一定程度上还能吸附水中的病毒和病菌，因此麦饭石浸泡后的水养鱼成活率高，抗缺氧能力强。

　　此外，非金属矿物用于水果、蔬菜等的保鲜也收到了良好的效果。其主要原因是非金属矿物表面具有高度的物理化学活性和特殊的多孔结构，具有吸附性、无毒、价廉、不霉变等优点，这样就可以使包装袋（箱）中形成一个适于储藏的"微气候"，从而延长保鲜期。

参 考 文 献

[1] 郑水林 . 非金属矿加工与应用 [M].3 版 . 北京：化学工业出版社，2013.

[2] 杨华明，陈德良 . 非金属矿物加工理论与基础 [M]. 北京：化学工业出版社，2015.

[3] 杨华明，张向超 . 非金属矿物加工工程与设备 [M]. 北京：化学工业出版社，2015.

[4] 卜显忠，冯媛媛，薛季玮，等 . 采用某改性酯类捕收剂在低温条件下实现黄铜矿的有效回收（英文）[J]. Transactions of Nonferrous Metals Society of China, 2021：1~21.

[5] 卜显忠，王朝，郑灿辉 . 磨矿过程中蒙脱石的流变效应研究 [J]. 非金属矿，2018，41（5）：76~78.

[6] 张崇辉，何廷树，卜显忠，等 . 萤石矿浮选的正交试验研究 [J]. 非金属矿，2017，40（5）：59~61.

[7] 卜显忠，高珂，龙涛 . 高钙体系中柠檬酸对磁黄铁矿的活化作用 [J]. 金属矿山，2017（3）：81~86.

[8] 郭亚丹，卜显忠，倪悦然，等 . 钠基膨润土结合 PAM 吸附–混凝处理染料废水研究 [J]. 陶瓷学报，2015，36（6）：617~622.

[9] 邓强，杨林，卜显忠，等 . 含钛铁尾矿制纳米级 TiO_2 的结构及性能 [J]. 金属矿山，2013（7）：166~168.

冶金工业出版社部分图书推荐

书　名	作　者	定价(元)
结晶学与矿物学教程	王恩德	68.00
矿石学	谢玉玲	39.00
金属矿床工艺矿物学	王恩德	60.00
采场地压控制	李俊平	25.00
现代采矿理论与机械化开采技术	李俊平	43.00
矿山安全技术	张巨峰	35.00
特殊采矿技术	尹升华	41.00
采矿 CAD 技术教程	聂兴信	39.00
采矿 CAD 二次开发技术教程	李角群	39.00
浮选	赵通林	30.00
矿物化学处理(第2版)	李正要	49.00
矿物加工工程专业毕业设计指导	赵通林	38.00
选矿试验研究方法	王宇斌	48.00
岩矿鉴定技术	张惠芬	39.00
矿石学基础(第2版)	王铁富	40.00
矿山设计	夏建波	29.00
矿山固定机械使用与维护(第2版)	陈虎	51.00
金属矿地下开采(第3版)	陈国山	59.00
重选技术	彭芬兰	38.00
稀土工艺矿物学	邱廷省	59.00
选矿尾矿处理工艺与实践	陈江安	42.00